你不懂猫咪

日本东京猫医疗中心院长

服部幸／著

裘科／译

中原农民出版社

·郑州·

前言

帮助你更深入地了解猫这种动物，提供与猫相关的各类知识，使你和你的猫的生活变得更安心、更愉快。这正是我希望这本书能实现的目标。

如今，喜爱猫的人和与猫一起生活的人越来越多，猫已成为人们日常生活中的热门话题。每一个喜爱动物的人，每一个和宠物一起生活过的人，都能明白宠物给我们的心灵带来了何等的慰藉。而猫有着可爱外表的同时，既有亲近人、易于相处的一面，又有着变幻莫测、神秘的一面。或许正是因为这样，

它们才会拥有无数的粉丝吧。

猫作为宠物，它首先是一个生命。虽然喜爱猫的人不断增多是一件令人欣喜的事，但是当我们谈起时，只把养猫看作是一股热潮是不行的。对一个生命的喜爱，不仅意味着喜欢它好的一面、可爱的一面，也意味着要承担爱它的过程中所包含的艰辛与困难。充分理解这一点是非常有必要的。

如果对方是人，那么我们可以通过相互交谈最终达成一致，也就是所谓的「GIVE & TAKE」。但当对方是人类之外的其他动物时，通过人类的语言来相互交流就变得不再可行了。这时就需要我们从它们的动作、表情、叫声等来读懂它们的内心。

猫其实总是在试图用各种办法把它们的想法传达给它们的

主人。这对于天生性格谨慎且敏感的猫来说，已经是对主人信任的表现了。能够很好地读懂这些信息，并做出恰当的回应的话，一定会使你和你的猫的生活变得更加快乐，更加充实。

每只猫都有着它自身的个性，因此，行为和情绪变化上也存在着个体差异。但反过来，猫作为一个物种，它们的天性使它们表现出的行为和样子也有着非常多共通的地方。要在了解猫身上普遍存在的性格与行为模式的基础上，去观察你身边的猫，而不要理所当然地用人的逻辑去看待猫的行为和想法。有了这样的认识，相信你和你心爱的猫之间一定可以做到心灵相通的。

横躺着睡着的猫，那睡得香甜、毫无防备的样子；在你回家时它早早地等在家门口，在你进门时它又主动跑来蹭你的样子；吃饱后它一脸满足地在一旁舔着毛的样子；「陪我玩吧」「要摸摸」「要抱抱」，像这样跟你撒娇的样子；偶尔你叫它也不理你，你要摸它，它还会嫌弃地躲到一边，对你冷漠的样子……所有这些都是猫给予我们的慰藉与爱。

希望在你接触猫时，或是和猫一起生活时能更加愉快。希望喜爱猫的人和猫之间能构建起更加幸福、更加美好的关系。

请允许我带着这样的愿望向你献上这本书。

第1章 猫的身体构造

第2章 身为猫主人需要了解的基本知识

第3章 让你和猫的生活更加充实

第4章 如何照料好你的猫

❷猫的疾病与应对

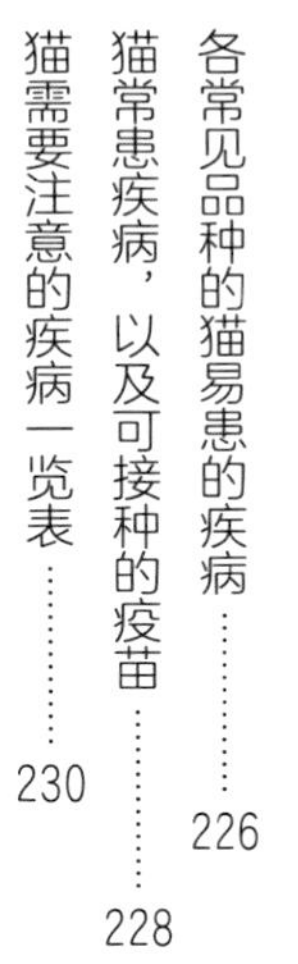

第5章 与猫相关的杂学

出场人物介绍

虎仔

和小咪生活在一起的美国短毛猫。是一只马上就要满 1 周岁的小公猫。有着帅气的名字和调皮好动的性格。

小咪

养猫还不到 1 年的新手猫主人。现在的主要兴趣是周末在家陪虎仔。

犬山经理

小咪和小爱所在公司的经理。常被人误以为是喜欢狗那一派的，其实是有 30 年养猫经验的超级资深猫主人。

小爱

和小咪同期进公司的好闺蜜。最近刚搬进一家可以养宠物的公寓。虽然喜欢猫，但对养猫还一窍不通。

第1章 猫的身体构造

小咪
30来岁的上班族
嘎吱
我回来了！
喵喵公寓
虎仔！谢谢你到门口来接我！
喵！
爱猫虎仔就快1岁大了
……但是，你是怎么知道我什么时间到家呢？
真乖
真可爱
真可爱
真乖
咕噜咕噜

主人进家门时发出的哪怕是一点点很小的声音，猫都能听见。因此往往在主人把门打开之前，它就已经等在门口了
哦，原来猫耳朵是这么灵啊！
虎仔，你刚刚是听出我的脚步声了吧？
是吧？
……
吃
吃
吃
咦？不理我了
明明耳朵很灵却还要装作听不见吗？
虎仔
虎仔
吃
吃
吃
话说回来……
猫真的有好多厉害的本事啊！
走路时不发出声音
鼻子也很灵！
舌头上也隐藏着秘密！
/ and more! \
看来是因为
晚饭太好吃了吧……
……
吃
吃

动态视觉好像也很厉害……
啪
啪
之前就一直在想……
啪 啪 啪 啪
猫的眼睛总是不停地变来变去的，真的好有趣啊！
圆溜溜的眼睛
呼！

?
停下
玩具……
不动了……？
好像对不动的东西
就没兴趣了……
?
动了
!!
猫真是太不可思议了……
要是能多了解一些关于猫的
知识，一定会更有趣的

猫的眼睛

为了能在黑暗中捕获快速移动的猎物而进化出的眼睛

通过调节瞳孔，猫能在黑暗中自由活动

作为夜行性动物，猫的眼睛所具备的特殊功能使它们能在黑暗的环境中自由活动。猫的瞳孔大约可以放大到人类瞳孔的3倍。在明亮的环境下，为了减少进入眼睛的光线，猫的瞳孔会缩小；而在黑暗的环境中为了增加眼睛对光线的敏感度，它们的瞳孔则会放大。

猫眼对光的敏感度是人眼的6倍以上，并且拥有强大的动态视力和宽广的视野。因此，对它们来说，在房檐下捉老鼠这类事情简直易如反掌。

“女子力”UP！？

猫看周围的一切都好像是在看慢动作播放吗？

猫虽然拥有强大的动态视力，但观察静态的物体就不那么在行了。因此有时它们对静止不动的物体会显得缺乏反应。甚至有一种说法认为，由于猫拥有优异的动态视力，电视画面在它们看来不是连贯的，而是一帧一帧跳跃的。

猫不仅视力不好，也不擅长分辨颜色

猫的视力一般在 0.2 ~ 0.3，因此它们看不清远处的东西。它们是靠着宽广的视野、对光线的高度敏感以及优异的听觉来弥补视力上的不足的。在颜色的分辨上，它们能分清楚蓝色和黄色，却无法分辨红色。似乎在它们眼里红色的物体看上去都是黑乎乎的一团。

猫的眼睛在黑暗中会发光的原因

猫的眼睛里有一层人类眼睛里没有的被称为“明毯”的反射膜。正是靠着明毯高效地收集光线，它们才能在黑暗的环境下迅速移动而不撞上周围的东西。猫的眼睛在黑暗中会发光也是因为明毯将射入眼睛的光线反射出来的缘故。

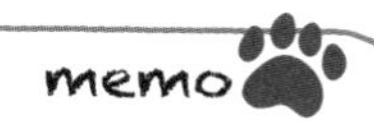

猫瞳孔的大小还会随着兴奋、害怕等各种情绪变化而变化。

猫的耳朵

能够以人类耳朵8倍的效率获取声音信息

比起眼睛来，耳朵更重要！猫基本是靠耳朵获取信息的

猫的耳朵是非常高效的。猫能在黑暗的环境中察觉猎物的存在。猫的听觉灵敏度是狗的2倍，是人类的8倍。猫用来获取周围信息的途径排第一位的是耳朵，其次是鼻子，最后才是眼睛。这和80%依靠视觉来获取信息的人类是非常不同的。

猫耳朵的尖部还会伸出一簇俗称「聪明毛」的软毛，它们能感知风向和声波。随着猫年龄的增长，这簇毛也会逐渐变短。

在主人进门前猫就靠着灵敏的耳朵听到了主人的脚步声

你有过这样的经历吗？下班回家时打开家门，发现猫已经在门口等着你了。那是因为猫靠着敏锐的听觉，事先听到了主人停车时的声音或是走向家门口的脚步声。

猫连蚂蚁爬的声音都能听清

猫可以听到的声音范围很广，在 60Hz ~ 65 000Hz。有时候猫会盯着一处什么也没有的地方一动不动，于是就有人说猫可以看到死人的灵魂。其实很有可能是因为猫听到了我们听不到的小虫子或是小动物发出的声音。

所有猫在人类中都更亲近女性而不是男性吗？

猫的耳朵比较擅长听取较高音频的声音。或许是因为这个吧，据说比起声音低沉的男性，猫更喜欢说话声音较高的女性，也更容易跟女性亲近。

* 男性发出的声音大约为 500Hz，女性则是 1 000Hz，钢琴能发出的最高的音约为 4 000Hz，蚊子能发出约 15 000Hz 的声音，而超过了 20 000Hz 就被称为超声波了。

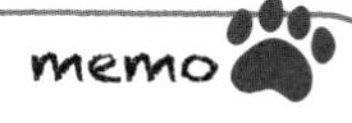

为了把握音源的方向和距离，猫的耳朵可以分别向左、向右进行 180° 旋转。

猫的鼻子

猫嗅觉的秘密在于它的「嗅觉记忆量」

靠着嗅觉来保护自身的安全

猫的嗅觉是它们仅次于听觉第二发达的感官。敏感的嗅觉使它们不仅能闻到气味，更能分辨气味。并且能靠着气味来判断是否有敌人侵入了自己的领地，判断进食是否安全等。

狗在分辨气味时会尽力吸气放大鼻孔，使更多空气进入鼻腔。但是猫由于鼻腔本身较小的缘故，并不能吸入太多空气。因此猫往往会把鼻子凑到要闻的东西上去嗅它的气味。

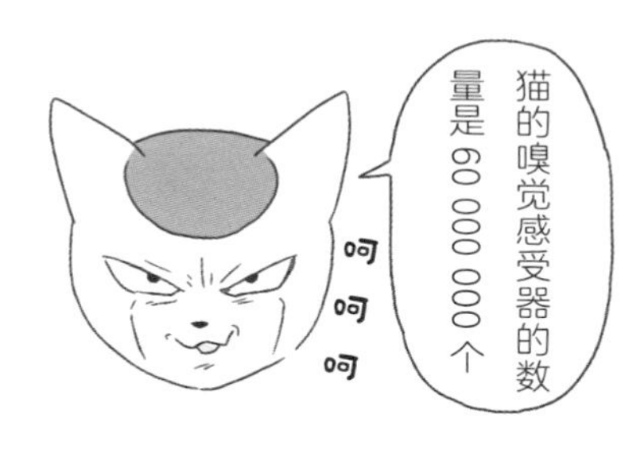

猫嗅觉的灵敏度介于狗与人之间

决定生物间嗅觉差异的关键是存在于鼻黏膜上的一种称为“嗅觉感受器”的细胞。人身上有1000万个这样的细胞，猫身上有6000万个，而常被训练成警犬的德国牧羊犬身上则有2亿个。

猫困的时候鼻子会变干

一只健康猫的鼻子总是湿湿的。因为这样更容易吸附空气中带有气味的分子。但是在猫很放松的时候，困的时候，或是处于睡眠中时，鼻子的表面则往往会变干。所以可以把鼻子变干看作是猫困了的标志。

羡慕吗？猫不用修鼻毛

有一样东西是人身上有，但猫身上却没有的，那就是鼻毛。鼻毛就好像是防止灰尘进入鼻腔的一层过滤网。猫为什么会没有鼻毛呢？我们还并不清楚。但至少在喵星球不会出现原本可以发展出一段美丽的爱情故事的两只猫，因为看到对方的鼻毛而爱情幻灭的尴尬状况了吧……

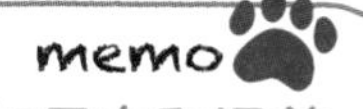

猫的鼻子之所以总是湿湿的，是为了感知风向和温差。所以鼻子不仅仅是它们重要的萌点，还有很多厉害的功能呢。

猫的胡须

猫靠着生长于身体各处的胡须来感知身边的事物

猫的胡须可不是仅仅可爱而已哦

猫的胡须经常被人们形容为「有知觉的毛发」，它是一种高度敏感的感知器。这是因为在猫胡须的根部分布着大量的感知神经，于是胡须尖端受到的任何触碰，都会通过这些神经瞬间将信息传递到大脑。

刚出生的幼猫眼睛是看不见的，它们正是靠着胡须找到猫妈妈的乳头的。这也使得胡须成为猫可以在黑暗中感知事物的又一重要器官。猫的胡须扎在皮肤下的深度是普通毛发的3倍，于是胡须被拉扯时猫会感到剧烈的疼痛。

猫的胡须连轻微的空气振动都能感知到!

当猫胡须的尖端碰触到了某样东西时，这一信息就会立刻被传输到大脑，甚至连空气中一点微弱的振动都不会被放过。就好像以前老话里讲的:“猫要是没了胡子就抓不了老鼠了”。对猫来说,胡须是非常重要的。

明明叫作胡须，其实还长在了脚上和眼睛的上方

因为叫作胡须，所以多数人想到的应该是嘴周围的那圈较长的毛。但其实对于猫来说，脸颊上、眼睛上方、前脚内侧上的硬且长的毛都可以称作是胡须。覆盖着猫全身的普通毛发的直径是 0.04~0.08mm，而猫胡须的直径则有 0.3mm。

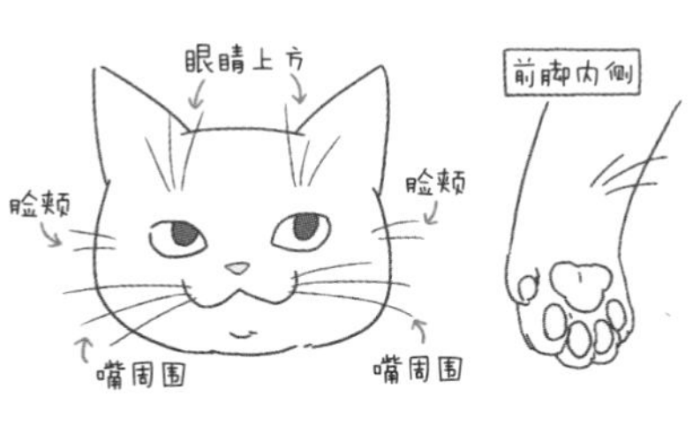

猫靠着胡须的长度来测量大小

想必大家都看过猫穿过门缝或者是在很窄的墙缝间穿梭的样子吧。其实将猫胡须的两端连成直线，以这条直线为直径画圆，这个大小就是猫的身体能通过的大小。如果猫想从一个地方钻过去，就会先用胡须去量一量，以确认自己是不是钻得过去。

猫的胡须会定期脱落并长出新的。
也有收藏家会专门收集猫换下的胡须。

猫的舌头

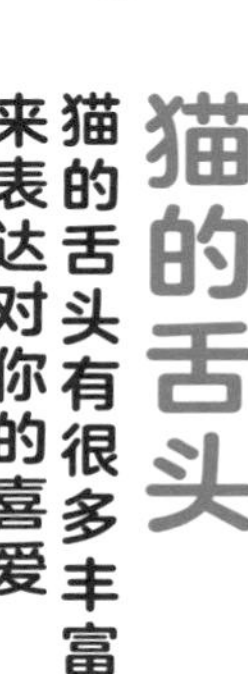

猫的舌头有很多丰富的功能，既可以用来整理仪表，又能用来表达对你的喜爱

猫用舌头舔你，表明它喜欢你

跟猫一起生活久了，猫是不是会经常蹭过来舔你的手呢？这是猫对你「爱的证明」。生活在一起的两只猫，如果它们之间关系比较好，就会互相帮对方舔自己的舌头够不着的脸上的区域，帮对方清洁毛发。我们可以认为猫舔主人手的行为，和猫与猫之间的这种相互表示友好的行为是有着相同意义的。应该有不少猫主人有过在睡着的时候被猫舔脸的经历吧。只不过，如果出于「礼尚往来」，你也想回舔你家猫的话，需要做好粘满一嘴猫毛的心理准备。

猫舌头上疙疙瘩瘩的东西是什么呢?

被猫舔的时候会听到一种"沙沙"声，同时感到某种粗糙的东西从自己的皮肤上划过。之所以会有这样的感觉是因为猫的舌头上有着大量被称为"丝状乳头"的突起。它们朝着口腔内部密密麻麻地生长在猫舌头上。这是为了防止猫在喝水时水从嘴角漏出来而进化出的结构。

舌头是猫的万能工具

丝状乳头不仅可以防止猫在喝水的时候水从嘴里漏出来，更可以在进食的时候起到锉刀般的作用，帮助咀嚼肉类食物。另外，在猫用舌头梳理毛发时，丝状乳头又好比是毛刷或梳子上的齿。因此，对于猫而言，拥有丝状乳头的舌头是一件万能工具。如果发现猫的舌头上出现溃疡，请立即带它去宠物医院。

其实猫分辨不出甜味和咸味

为了防止吃到有毒的东西，猫的味觉对苦味是非常敏感的。另外为了避免吃到腐败的食物，它们对酸味也很敏感。猫之所以不喜欢柑橘一类水果发出的味道也是因为这个。另外，虽然它们的舌头可以尝到鲜味，但却对咸味很不敏感，并且完全感受不到甜味。

猫在用表面粗糙的舌头来喝水的时候，会把舌尖弯曲成英语字母"J"的形状。

猫的牙齿

在可爱无敌的外表下隐藏着尖利无比的牙齿

只有牙齿能让我们想起猫是肉食性动物

猫是一种肉食性动物。这似乎是一句废话，但是现在家养猫的主要食物其实是猫粮，再加上它们那可爱、具有迷惑性的外表，使得猫是肉食性动物这件事已渐渐被人们淡忘了。

而真正把它们肉食性的本性清晰地展现出来的其实是它们的牙齿。猫的牙齿大致分成用于将猎物的肉从骨头上撕扯下来的切牙，在捕获猎物时咬住猎物并杀死猎物的尖牙，以及可以把大块的肉撕碎的磨牙。而无论是哪种，猫的牙齿都是尖锐且锋利的。

据说找到猫换掉的乳牙可以给你带来好运

很意外的是幼猫换牙的过程经常不被猫主人察觉。这或许是因为换下的乳牙被幼猫吞进肚子里去了，或是掉到房间某个不起眼的角落里，被吸尘器吸走了。猫的乳牙一共有 26 颗，在出生后的 3~8 个月内全部换掉。

尖锐的磨牙是肉食性动物的标志

人类的磨牙，正如它名称所表达的，是为了将食物磨碎而生长的牙齿。因此，顶部是平的。而猫的磨牙则全是尖的。这是为了方便它们把大块的肉撕成小块。虽然猫平时看上去都一副很可爱、很无害的样子，但一旦看到它们露出的牙齿，你就会想起它们其实是肉食性动物。

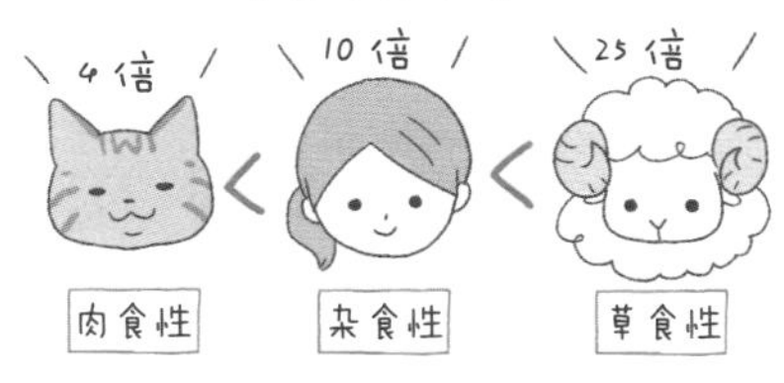

猫身体内部的构造也完全是肉食性动物的构造

猫的身体内部构造中也可以找到一些数据让我们直观地感受到猫是肉食性动物。如作为草食性动物的羊，因为它们消化食物需要的时间比较长，因此它们肠子的长度大约是自身身体长度的 25 倍。而猫的肠子的长度只有身体长度的 4 倍。

memo

猫的牙齿如果变成褐色，那么可能是得了牙结石，请带它去宠物医院做检查。

猫爪上的肉垫

猫爪上的肉垫除了是重要的萌点以外，更有着很多实用的功能

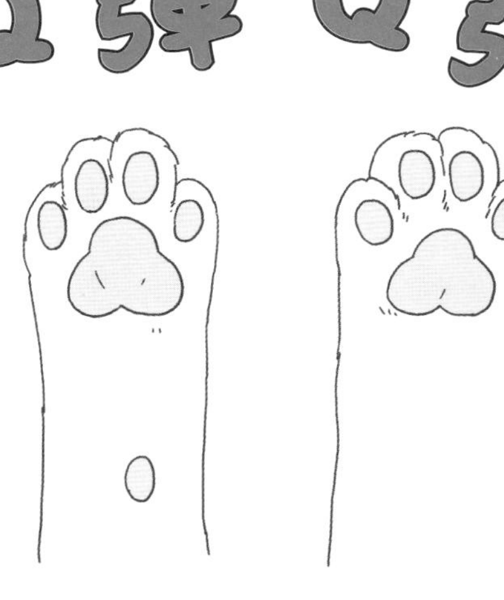

可爱、实用，只属于猫的软垫

猫的耳朵、胡须以及爪子上的肉垫共同构成了我们心目中猫的形象。摸上去的时候觉得滑滑的，轻轻按下去又觉得很有弹性。痴迷于猫爪上的肉垫而不能自拔的人可谓大有人在。这使得我们不仅能看到大量按照猫爪形象设计出的各类猫用品，甚至在市面上还能买到完全以猫爪肉垫为题材拍摄的摄影集。

但这个肉垫可不只是可爱而已，正如英语里把它叫作pad（缓冲垫），它有着很强的缓冲功能。因为有了它，猫才能安静无声地在房间里走动，才能在从高处跳下时不发出任何声音地安全着陆。

猫善于在高处攀爬

“刚刚还在房间里的，没一会儿就不知道跑哪去了。”这是养猫的人经常有的经历。猫之所以能够悄无声息地移动，或者从高处跳下时都不发出一点声音，都是多亏了它们脚上的肉垫起到了缓冲的作用。

柔软的肉垫在狩猎时也是不可或缺的

悄无声息地从背后接近猎物，猛地伸出爪子将猎物扑倒，这就是猫狩猎时的样子。猫爪上的肉垫之所以会这么柔软就是为了使猫在接近猎物时不发出声音。另外，家养的猫也是靠着它们软软的肉垫萌翻了周围的人们，好让他们每天乖乖地给“主子”献上食物。这样看来猫真是世界上最老到的猎人了。

肉垫是猫全身唯一会流汗的部位

有见过地板上留下的湿湿的猫爪印吗？猫爪的肉垫上有着少量的汗腺，是猫全身唯一会流汗的地方。肉垫上分泌出的汗液有防滑的作用，同时猫还可以利用它留下自己的气味。

长毛种的猫的肉垫周围也会长出较长的毛。
如果这些毛长得过长，猫在行走时会打滑，甚至可能会摔伤，所以需要定期修剪。

猫的爪子

可爱无敌的猫向我们展现出野性的一面

藏在猎人身后的致命的利刃

养猫的时间久了，在和猫一起玩耍时被猫爪子抓到，这是每个猫主人或多或少都有过的经历。猫的爪子是为了捕获老鼠等猎物而专门进化出的秘密武器。

生活在人们家庭里的猫，我们很难看到它们作为狩猎者的一面。但和它们一起玩耍时，一旦刺激到它们狩猎的本能，就可以看到它们以惊人的速度伸出利爪。而猫磨爪子也是在保养自己重要的狩猎工具。

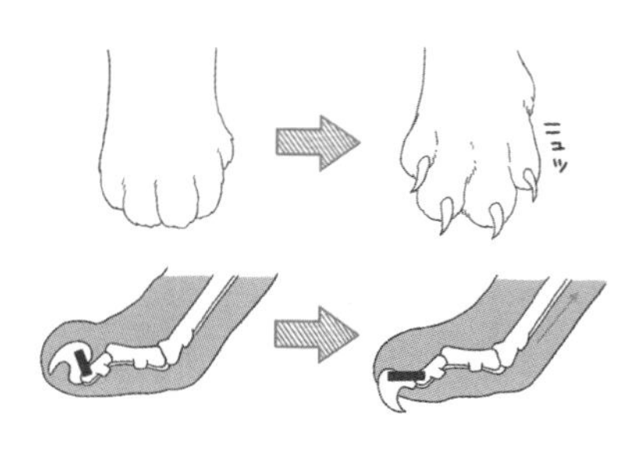

猫甚至有专门用来收起爪子的“刀鞘”

猫爪子的构造非常精妙，它们只在必要时才会伸出来。如果爪子一直伸在外面，行走时爪子就会碰撞地面，发出声音。猫之所以能够静悄悄地行动也是靠着爪子能收起来这一特性。平时爪子会被藏在两趾之间的皮肤中，就好像刀鞘中的刀刃。猫靠着收紧肌腱来伸缩它们的爪子。

尖利的爪子是它们狩猎者身份的象征

猫磨爪子其实是为了让自己能在狩猎时处于最佳状态，因而平时就尽力保养好自己的武器。其实猫磨爪子并不像我们磨刀那样直接将刀刃磨锋利，而是将已经变钝了的旧爪子磨掉，好让锋利的新爪子长出来。

猫也分左撇子和右撇子

多年以来我们一直以为只有人类会分左撇子和右撇子，但最近一份来自英国的研究报告表明，猫其实也是分左撇子和右撇子的。一般来说，公猫的左前爪和母猫的右前爪是它们的“惯用爪”。

memo

猫在出生后的 6 个月内是以同样频率使用它们的两只前爪的。但在出生后约 1 年的时候会表现出左撇子或是右撇子的倾向。

猫的尾巴

猫既可以靠着尾巴活动，又可以靠着尾巴交流

尾巴的三大功能

和猫耳朵还有猫爪上的肉垫一样，尾巴也是猫最具标志性的特征之一。猫的尾巴有着「保持平衡」「表达感情」和「留下气味」三个主要功能。其中又以表达感情的功能最为突出，以至于有人说：「只要看看它的尾巴，就能知道猫在想什么了。」你有遇到过喊猫的名字，它却头也不回地只是对你摇了下尾巴的情况吗？对于猫来说摇尾巴就是在回应你说：「本喵已经听到了。」光是摇摇尾巴就算是回应你了，这真是太符合猫主子们一贯的做派了。

猫动作灵活的秘密在尾巴上

猫的尾巴在保持平衡上有着令人惊异的表现。在细长的隔板上轻松地行走，从高处跳下时稳稳地着地，猫之所以能完成这些高难度动作，正是靠着它们的尾巴前后左右不断地摆动来保持平衡。

猫尾巴的动作完全反映出了它们的想法

猫每时每刻在想什么会通过它们的尾巴真实地反映出来。如果尾巴笔直地竖起，则表示它对你的信任。猫不能像人一样说话，但我们却能通过它们的尾巴来了解它们在想什么。如果你明白这一点，那么你和猫之间的相处也一定会变得更加愉快。

横切面

尾椎

尾巴可以自由摆动的原因

猫的尾巴是靠着很多块叫作尾椎的短小的骨头拼接在一起组成的。在尾椎骨的周围还围绕着 12 条不同的肌肉，并且尾部神经一直连到了尾巴的最前端。正是靠着这样复杂的结构，猫的尾巴才能够前后左右自由摆动，表达出丰富的动作表情。

memo

你知道一种叫作香蒲的植物吗？
因为香蒲的穗长得像猫的尾巴，
所以在英语里它被叫作 cattail（猫尾草）。

猫的骨骼和肌肉

猫独特的肢体动作的秘密就藏在它的骨骼里

光看骨骼的话，猫就是小一号的老虎

猫的骨骼与其他的猫科动物几乎呈现出完全相同的结构。甚至说它的骨骼完全就是老虎或豹子骨骼的缩小版也不为过。

猫骨的数量约比人类多40块，总共是244块。其中尤其重要的是将构成背部骨架的椎骨连接在一起的被称为「椎间盘」的软骨组织。正是靠着它，猫才拥有了能在狭小空间中穿行的令人惊叹的柔韧性。

柔韧性的秘密是“超级溜肩”

猫是完全的“溜肩”。虽然它前腿上半部分的上腕骨和肩胛骨间是连着的，但锁骨和肩之间却是开关节。也就是说，猫的肩膀并没有被固定起来。因此只要有足够大的空间让它的头部通过，就不会出现因为肩膀被卡住而无法通过的情况。

如弹簧般的后腿

猫后腿的肌肉非常发达，正是因为这样，猫才能很轻松地跳上一堵超出自己身高许多倍的墙。如弹簧般强健的肌肉也使得猫在跑动时迅捷无比。

能使猎物致命的咬合力

和后腿肌肉同样发达的是猫下颌上的肌肉。在狩猎时猫靠着下颌的肌肉将锋利的牙齿插入猎物的身体并杀死猎物，因此对猫来说，下颌是非常重要的部位。很多人被猫轻轻咬时会觉得疼，其实它要真用力咬的话，你可是会更惨的。

memo

猫的速度据说最快可以达到时速 50km。
跳跃的高度可以达到自身身体长度的 5 倍。

猫的生长

猫在出生后一年半就达到相当于人类成年的年纪了

如何将猫的年龄换算成人的年龄

刚出生的小猫体重只有100g左右，小到可以放到一只手的掌心上。但是在出生后大约一年的时间里会飞速成长，体重会长到4kg左右。

如果要把猫的年龄换算成人的年龄的话，猫出生后3个月相当于人类的5岁，9个月相当于13岁，一年半就相当于20岁了。然后出生后5年相当于36岁，10年相当于56岁，15年相当于76岁，20年相当于96岁……大致是这样的一个关系。

第2章 身为猫主人需要了解的基本知识

小咪的休息日
叮咚
啊，好早呀

小咪！我来看你们家小猫了！
同期进公司的小爱

养猫的感觉怎么样啊？
送你的蛋糕
谢谢！
很开心呢！

我们晚上睡一个被窝
有的时候露出的奇怪表情好可爱
还有啊
还有啊
它总是活蹦乱跳的
按错开关了……

另外，我还拍了好多照片呢，要看吗？
！
我要看的
……你先别激动

……说起来，你家虎仔呢？
躲到隔壁房间去了

其实我也打算要养猫呢……

对哦，你不是刚搬去一个可以养宠物的公寓吗？一定会遇到一只很可爱的猫的
会是一只怎样的猫成为你的家人呢

话说，养猫真的像他们说的那样，很简单吗？
简单？

才不简单呢！只要是养活的东西，就会有各种麻烦的
嚼
嚼
是这样啊！那应该注意些什么呢？
比如，是不是就算是要改变自己的生活习惯，也要坚持养下去啊？又比如，能不能确保付得起宠物的医药费……
这些才是首先要考虑的呢
还要给猫提供一个住起来舒服的环境……教会猫怎么上厕所，教它不要到处乱抓……这也是要花很多时间的
有些猫会在家里尿尿，留下自己的气味……
抓
抓
抓
尿！
另外
还有很多东西
猫不能吃
原来如此啊

就不用带它出去散步这一点来说，确实省心不少
路上小心
家中无人时，只要事先安排好，它们就会乖乖地等你回来
看来还要了解很多关于猫的知识来做准备才行啊
养猫的人很多时候都会觉得很幸福的！比如下班回家的时候看到它来门口接你，就觉得上班的疲惫全都消失了
欢迎回家
另外，我要怎样才能有自己的猫呢？
主要的途径大概有三个，选一个适合自己的吧

成为猫主人前的准备工作

为了能和猫像家人一样幸福地生活在一起而努力

千万要慎重做决定，要有对一个生命负责到底的决心

据说家养的猫的寿命在 15 岁左右。想要和猫生活在一起，光是喜爱是远远不够的。作为猫主人必须有要照顾它一辈子的决心和责任感。既要照顾它每天的吃喝拉撒，还要带它去体检、接种疫苗，并承担相应的费用。养猫其实是一件又花钱又花时间的事情。

不同性别、不同品种的猫有着不同的性格，因此照料它们的方式也各不相同。最好在和自己的家人商量之后再选择一只适合你家的猫。

喵星球也步入长寿社会了？

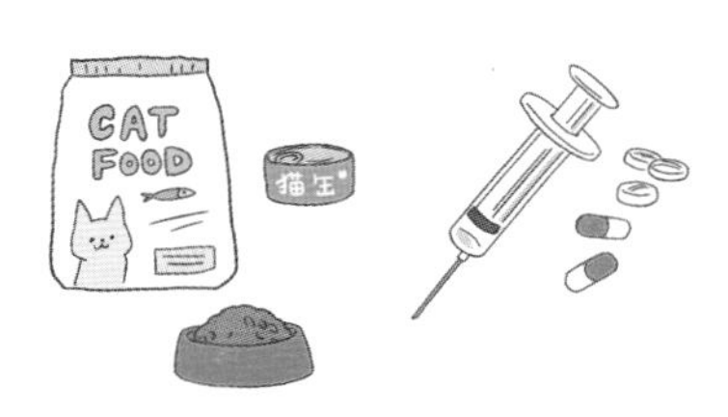

和人类一样，随着医疗水平的进步和饮食条件的改善，猫的寿命也在不断延长。尤其是家养的猫，和流浪猫比起来它们的寿命要长得多。但相应地也带来了老龄化，老后看护，长期卧病时的看护等诸多问题。

养猫要花多少钱呢？

根据生活环境的不同和猫本身的体质差异，养猫所需花费的伙食费和医疗费也是各不相同的。有说法认为一只猫一生平均要花 130 万日元（约合 8 万元人民币），这已经是很保守的估计了。而这只是最基础的开销，还应该做好可能产生意料之外花费的准备。

关于养猫的住宅需要注意的地方

公寓式住宅

- 绝对不可以违反规定偷偷养
- 世界上也有很多不喜欢猫的人
- 地板一定要做好隔音

独立式住宅

- 要做好房间被弄脏、家具被抓坏的心理准备
- 要顾及周围的邻居
- 要防止猫走丢

周围可能有讨厌猫或对猫过敏的人，因此在院子或阳台上清理猫毛的时候要小心。如果是公寓式住宅，无论你是租的，还是自己购买的，都必须遵守饲养宠物的相关规定。猫跑跳时造成的噪声也必须想好处理的办法。

面对可爱的猫咪，很多人会被萌到迷失自我。因此在你把猫作为家人接到家里来之前，请先慎重地考虑清楚。

去邂逅那只命运为你安排的猫吧

一见倾心虽然美好，但喜好与性格也很重要

想要养猫主要可以通过「在宠物店购买」，「从其他饲养者处领养」，「从宠物收容机构领养」这三个途径。无论通过哪种途径都务必事先确认好猫的健康状况，以及猫是否患有遗传性疾病等。

一旦你决定好要养哪只猫，由于它身上可能携带着可以传染给人类的疾病，所以请尽快带它去宠物医院做体检。

在宠物店购买

如果你准备在这家店购买宠物猫，那么最好能事先多去这家店看几次。观察一下店里宠物的状态，以及店员们对待宠物和对待客人的态度。在你能够确认这家店的老板不是把宠物看作商品，而是把它们看作是生命在对待的时候，再选择这家店。售后服务也要事先确认好。

从其他饲养者处领养

那些欢迎你去参观，并且愿意向你展示宠物饲养和繁殖环境的猫主人会相对可靠一些。另外，如果猫爸爸和猫妈妈的血统特别好，有些人会用强迫的方式逼它们不断生小猫。这种情况其实并不少见，所以去的时候最好也能确认一下小猫父母的状况。

从宠物收容机构领养

我们不仅可以通过网络等获取宠物收容所的相关信息，也可以在宠物医院里看到各类收容机构招募领养者的告示。有些机构会对报名领养的人进行资格审核，有时还会收取一定的费用。但多数情况下，这些规定都是为了给小猫找到一个能幸福生活的家。

除了这些以外，还有一个办法就是收养流浪猫。这个时候也一定要先去宠物医院对猫进行体检，确认猫的健康状况。

选择猫品种时的注意点

在这里列出了各个品种的猫的主要特征，以便给你提供参考

阿比西尼亚猫

它们身体柔软，爱撒娇，对人类很友好。聪明且对主人的服从性好，行为模式有一部分与狗相似。因此养起来比较省心，很受猫主人欢迎。

美国短毛猫

即使在猫当中它们也属于运动神经特别发达的，性格活泼，好动，好奇心强。它们不仅对人类很友好，也比较习惯和其他动物生活在一起。因此比较适合那些想同时养多只猫，或同时养多种宠物的主人。

混种猫

又叫杂交猫，可以在它们身上看到各种不同的颜色。一般来说，和纯种猫比起来，它们更不容易生病，性格开朗，也比较温驯，是很容易饲养的猫。

缅因猫

好玩且尤其爱打扮的长毛猫。运动量大，性格开朗，好相处，适合多只或多品种宠物一起饲养。

曼赤肯猫

它们最大的特征是小短腿。简直就是猫界的腊肠犬。虽然如此，它们仍然具备了猫的运动天赋，属于性格阳光、好奇心强、对主人很友好的品种。

挪威森林猫

野性气息比较重，运动能力超强。它们属于长毛猫，体格较大，因此看起来特别威风。它们聪明，领地意识强，但同时又很容易感到寂寞。

布偶猫

它们性格温驯，被人抱在怀里也不会反抗。再加上它们毛茸茸的外表，于是得到了布偶猫这个名字。另外，体格较大也是它们的特征之一。

波斯猫

蓬松柔顺的长毛加上稍短的腿，使得它们看起来特别可爱。因其爱黏人、性格温驯而受到人们的喜爱。

苏格兰折耳猫

它们的特征是那双下垂的耳朵。原产于苏格兰，是由于基因突变而出现的品种。耳朵完全垂下来的折耳猫现在是很罕见的。它们的性格温和，很黏人，是容易饲养也很受欢迎的品种。

俄罗斯蓝猫

它们有着如天鹅绒般柔滑的灰色短毛。虽然它们很黏自己的主人，但是据说很胆小。平时不太会叫。

注意点

全世界猫的品种有 30~80 种，非常繁杂。虽然每个品种在体格和性格上各有其特征，但最终决定一只猫性格的是这只猫个体的特性、饲养的环境以及它和猫主人间的关系。

新加坡猫

属于体型最小的品种。警戒心强的同时，好奇心也很强。它们的运动神经发达，动作敏捷，姿态优雅。它们的叫声很小，是一种很安静的猫。

开始养猫前需要准备的东西

要在猫来你家前做好准备。各种琐碎的东西要一点一点准备

食盆和猫粮

用于给猫进食或饮水的容器，其碗口边缘需要大到在被使用时不会碰到猫的胡须为好。同时在猫埋头吃东西或喝水的时候，碗的边缘也最好不要遮挡它们的视线。这是多数猫喜欢的样式，但是也有喜欢较深容器的猫。猫粮分为干猫粮和湿猫粮，经常换一换口味，猫不容易吃腻。有些猫粮的包装上也会有兽医师推荐产品的标识。

打理工具

长毛猫每天都需要梳理毛发。虽然不同的季节可能会有差异，但即使是短毛猫，每周也至少能打理 1 次。毛的长短可以根据自己的喜好来进行选择。另外，建议准备好猫专用的牙刷和指甲剪。

猫窝

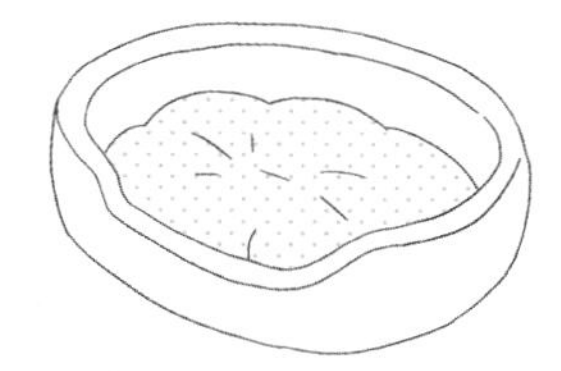

猫喜欢适当被环绕的感觉，同时还喜欢柔软的地方。猫窝最好准备稍大一点的。如果了解猫的喜好的话，可以把它们喜欢的面料放一些在猫窝里，以调整到它们觉得最舒服的状态。

猫厕所

市面上售卖的猫厕所有各种不同的深浅和大小，还分有盖的和无盖的。如果猫不愿意在你给它准备的厕所大小便的话，你也可以试着用纸盒子把猫厕所盖起来，或者改变你放置猫厕所的地方。多想些法子，或许它就愿意了。

磨爪器

磨爪器的种类很多，有站起来磨的，有趴在上面磨的。如果猫不愿意使用你为它准备的磨爪器，那么需要你搞清楚猫的喜好，重新购买适合它的产品。

猫玩具

虽然并不一定需要购买市面上售卖的专门的猫玩具，但挑选它们的过程其实还挺有乐趣的。另外，欲买大件或是价格昂贵的猫玩具时，建议最好在弄清楚自家猫的性格后再买。

宠物外出便携包

带猫去宠物医院或其他一些地方时需要准备一个宠物外出便携包。有肩挎式、手提式、前背式等各种款式。为了防止猫走丢，安全措施一定要做好。

猫爬架

根据你房间的具体情况，决定是否安装猫爬架。如果条件允许，最好安装猫爬架。它在缓解猫的精神压力、改善运动不足等方面确实有着不错的效果。市面上也有很多设计精巧的猫爬架，请好好加以选择。

猫项圈可以防止一些事故的发生。
请选择有弹性、方便取下来的项圈。
铃铛很吵，会让猫觉得不舒服，所以不要给猫带猫铃。

开始养猫前需要做好的心理准备

猫的幸福完全取决于它的主人。为了心爱的猫，有些事情必须做到

开始养猫前的7项心理准备

❶ 主人要主动去适应猫

❷ 努力成为被猫爱着的主人

❸ 不要强行管教你的猫

❹ 不要期待猫对你的要求有所回应

❺ 要关心猫的健康与安全

❻ 要像疼爱自己的孩子一般去疼爱你的猫，努力让它幸福

❼ 要多动脑筋，防止猫做出让你觉得头疼的事情来

❶ 主人要主动去适应猫

猫虽然和人类生活在一起，但在它们身上还残留着很多野性的本能，是一种非常讨厌拘束的动物。因此，它们不会什么事情都照着主人的想法去做。

❷ 努力成为被猫爱着的主人

要求猫回应你的爱是不行的，而由猫一方主动向你要求“多爱我一些吧！”，这才是最理想的状况。

❸ 不要强行管教你的猫

在猫做错事情的时候去训斥它、管教它通常都不会有用。强行这么做，只会落得被猫讨厌的下场。

❹ 不要期待猫对你的要求有所回应

想要教会猫摆几个萌萌的 pose、做几个可爱的动作的想法一定不可以有。要学会即使你的猫对你比较冷淡，也不要太在意。

❺ 要关心猫的健康与安全

保证猫的健康与安全是猫主人的首要责任。随时都要记得，守护着你心爱猫咪生命的人就是你自己。

❻ 要像疼爱自己的孩子一般去疼爱你的猫，努力让它幸福

在需要大人来保护这一点上，猫和小孩是一样的。对猫要如同对家人般全心全意地去爱它。

❼ 要多动脑筋，防止猫做出让你觉得头疼的事情来

对于猫的调皮捣蛋唯一有效的方法就是预防。对于已经出现的状况要把责任归咎到自己没能预防好上。

猫的幸福就是主人的幸福。
希望你和猫一起生活时做出的各种决定，
都能基于这一出发点。

养猫的关键不是管教，而是预防

试图让猫按主人说的去做，只会增加双方的精神负担

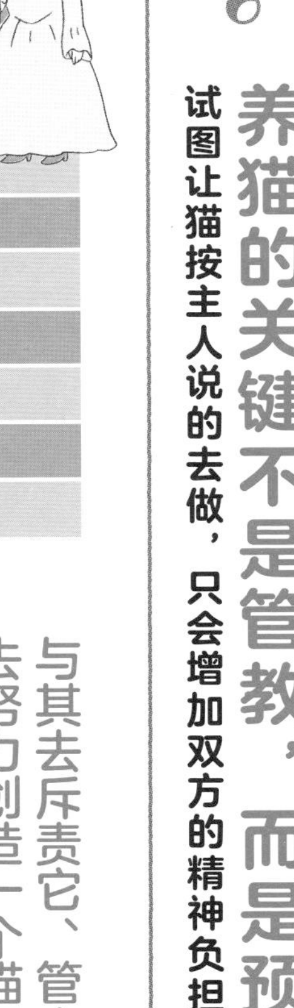

与其去斥责它、管束它，不如去努力创造一个猫可以依其喜好来活动的环境

猫是一种非常讨厌被管束的动物。为了在一起生活时能更加愉快，主人需要了解猫的习性，用一种事先预防而不是事后管教的态度，来让你家的猫逐渐养成良好的习惯。

猫原本就有在固定地点大小便的习惯，所以教会猫用猫厕所一般都会比较顺利。磨爪子对于猫来说完全是一种出于本能的行为，你想阻止是没用的。只能采取在柱子旁或是家具旁放置磨爪器，或是定期给猫剪指甲等办法。

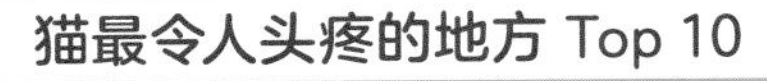

猫最令人头疼的地方 Top 10	
1	到处留下自己的气味
2	磨爪子
3	随地大小便
4	把东西藏起来或搞丢
5	突然发疯破坏东西
6	乱咬乱抓
7	撕书、撕厕纸
8	乱吃东西
9	大清早吵人睡觉
10	掉毛

在猫可能想要磨爪子的地方放置专门给它磨爪子的工具

猫会在沙发、皮靴等皮革制品上磨爪子，并留下抓痕。为了防止它这么做，可以在这些制品附近放置磨爪器，或气味会让猫感觉不快的东西。像壁橱这种不希望被猫弄脏的地方，就要想办法让猫没法进去。

猫的活动范围内的东西都要收拾好

猫会到处乱窜，搞破坏，还会为了好玩而摔东西。因此尽量不要放置容易被摔碎或者容易掉到家具缝隙里的东西。猫可以爬到你想象不到的高度，所以为了让猫够不着而把东西放在高处很可能会起到反效果。

东西不收拾好很危险

小的扣子、螺丝或电线头要是不小心被猫吞下去了就会出大事。另外，葱、干燥剂或对猫有害的观赏植物，一旦被猫咬到了也是会危及其性命的。这些都是猫主人需要注意的事情。

猫不好好上厕所，很可能是厕所本身出了什么问题。
可以通过梳理毛发来防止脱毛。
多陪猫玩，它捣蛋的次数就会变少了。

养猫的另一种方式——流浪猫篇

只要方法得当，照顾流浪猫不仅是在帮助猫，也是在为当地社区做贡献

通过一些简单的办法来减少生活不幸的猫的数量

很讽刺的是过度给流浪猫喂食反而会增加流浪猫的数量，并使它们给当地社区带来麻烦。因此有些地方通过给流浪猫实施绝育手术来进行管控。也有一些地方靠着整个社区人们的共同努力，摸索着照顾流浪猫的最佳办法。类似救助「猫邻居」的活动正在日本各地推广。其中尤为成功的是被称作「猫岛」的日本福冈县相岛的例子。人和猫在这座岛上友好共处的故事引起了社会上的广泛讨论。这座岛也成为那些自己没有条件养猫却喜爱猫的人，以及其他爱猫人士争相拜访的旅游景点。

希望大家对 TNR 活动能有所了解

T 指的是 trap（抓捕），N 指的是 neuter（绝育手术），R 指的是 return（归还）。也就是将流浪猫抓捕后实施绝育手术，再放归到它原本生活的地方的活动。由于流浪猫的平均寿命只有 4 年左右，反复进行这样的活动可以有效地减少流浪猫的数量。也有一些地区通过适当给流浪猫喂食来防止它们翻找垃圾堆，并对猫粪便进行巡查与清理。

收养流浪猫

在有条件养猫之后有些人会选择收养流浪猫。但很遗憾的是常常会出现流浪猫不接受人类作为主人，或是无法适应在人类家里的生活等情况。所以只建议那些有信心长期给予猫关爱并且有耐心的人士收养流浪猫。另外很多流浪猫患有疾病，建议收养时先带它去宠物医院做检查。

注意!

不可以胡乱给流浪猫投喂食物

由着自己的心情而不负责任地投喂行为，对于流浪猫也好，对于当地社区也好，都是百害而无一利的。这种行为会使得流浪猫为了寻找食物再次聚集过来，引起骚乱，翻找垃圾。猫粪还会破坏当地的卫生环境。这些都会成为那些不喜欢猫的人攻击流浪猫和爱猫人士的理由。

即使没有条件亲自养猫，
为了人与猫的和谐共存，我们也需要认真思考。

养猫的另一种方式——猫咪咖啡厅篇

这里能够让你好好享受和猫相处的时光，是属于猫咪爱好者的天堂

爱猫人士剧增，寻找一家适合你的猫咪咖啡厅吧

现在在日本，人们对猫咪咖啡厅都已习以为常了。既有大型的全国连锁店，又有各种街边小店，其规模各不相同。管理模式和收费模式每家店也不一样。有的店允许客人给猫喂食，还能抱它们，而有的店原则上是不允许客人主动接近猫的。另外也有本身就是流浪猫收容所的猫咪咖啡厅，它们兼具着帮小猫找到合适的主人的功能。

请以遵守每家店的规矩为前提，去寻找适合自己的猫咪咖啡厅，然后和店里可爱的猫咪们一起度过一段愉快的时光吧。

能使你在猫咪咖啡厅里受猫咪们欢迎的诀窍

- 不要强行去摸它们、追逐它们
- 不要盯着它们看
- 不要大声说话，动作不要太突然
- 如果有猫靠近你了，要冷静地跟它打招呼
- 要在不经意间让你的视线和猫的视线平齐
- 如果有猫过来跟你撒娇要慢慢地轻轻抚摸它

猫咪咖啡厅甚至已经传到了海外

猫咪咖啡厅的发祥地其实是中国台湾，而如今猫咪咖啡厅在世界上已经形成了一种文化潮流。近年来，伦敦、巴黎、纽约等大都市的猫咪咖啡厅都相继开业。甚至有传闻说，一些生意比较火爆的店，预约的人都已经排到了几个月后。

memo

在自己能养猫的日子到来之前，
去猫咪咖啡厅一边享受和猫相处的时光，一边为今后养猫积累经验也是个很不错的选择。

爱你的猫

尽力为它创造一个舒适、安全、放松的环境

面对周围世界，猫总是先观察，再调整自己

对于家养的猫而言，每天生活的房间就是它世界的全部。在了解猫习性的基础上，尽量给它创造一个舒适的环境是非常重要的。把那些对猫来说存在危险的东西收拾好，为它准备一个舒适的窝，满足它喜欢爬高的本能等，这些都是作为猫主人需要做到的事情。另外，照顾好奇心强、活泼好动的小猫和照顾身体机能已经衰退的老猫时需要注意的地方也是不同的。要根据猫成长的不同阶段来调整它的生活环境。

创造一个适合和猫一起生活的环境

❶ 猫窝

不要把猫窝放置在人行走的路线上，而要尽量放置在床底下等可以令猫感到安心的地方。

❷ 猫爬架

猫爬架对于缓解运动不足以及帮助猫放松都很有效果。放在窗边可以方便猫看窗外。

❸ 磨爪器

要选择猫喜欢的型号，放在猫喜欢的地方。

❹ 分上下层的家具

猫喜欢上下攀爬。不希望被猫摔坏的东西要事先放好。

❺ 门上要装门挡

要防止开关门的时候撞到猫，或夹住猫。

❻ 高处的窗户也不可以掉以轻心

猫可以爬到你想象不到的高度，因此即使窗户的位置比较高，如果开着，那也是很危险的。

建议大家完全在室内养猫的原因

如果真的希望猫长寿的话，在室内饲养才是最好的办法

只要条件适宜，猫是一种完全可以在封闭环境下饲养的动物

或许你会觉得意外，但对猫而言，外面的世界是充满了危险的。在室外，不仅猫自身遇到交通事故和感染疾病的风险会增加，它们的排泄物也会给周边邻居们带来麻烦。因此，猫主人们最好完全在室内饲养噢！

对于家养的猫而言，来到室外的环境就是来到了它们领地之外，会令它们感到不安。如果是在乡下，还要防止它们误食农田里的农药和除草剂而中毒。另外，还要顾虑到外面有很多不喜欢猫或是对猫过敏的人。

外面的世界充满了危险！

遭遇交通事故

虽然猫给人以动作敏捷的印象，但其实它们是很容易遭遇交通事故的动物。其原因说法不一。有说是因为当车驶向猫时，猫不会选择逃走，而是会选择采取防御姿态，将身体蜷成一团。也有说是因为夜晚车头的灯光照到猫眼睛，使它们动弹不得。

遭受虐待

在讨厌猫的人当中，因为流浪猫造成的一些麻烦而心生怨恨的人也是有的。时不时在新闻中看到的虐待猫的报道，绝不只是极端的个别例子。和流浪猫一样，习惯了人类饲养的猫也有被这些人虐待的危险。

感染疾病

流浪猫中的绝大多数都或多或少带有这样那样的疾病。家养的猫在和它们接触时，或者出现争斗时，感染这些疾病的风险是非常高的。从草丛里或是其他猫身上粘上的跳蚤或螨虫也是诱发疾病的原因。

另外，还有因为打架而受伤和误食农药的危险。走失的猫很多最终都没能回到主人的身边。

养猫时家里不可以有的东西

人和猫对于方便和舒适的定义很多时候是不一样的

比起装饰华丽的房间，安全更重要，安全方面需要定期检查

人平时生活的房间里有很多对猫来说是有害的东西。比如，从植物中提取的香熏油对猫来说有剧毒。猫吃了之后会引起中毒反应的植物已经确认的就有200~300种，因此，为了保险起见，最好也不要在家里摆设植物和鲜花。另外，人类吃的药物和营养药剂中含有的部分成分，猫只要摄入少量便会致死。因此，要格外小心地保存。为了防止事故的发生，一定要对家中各处进行仔细检查。

需要注意的东西

香熏油、线香

将从植物中提取的化合物浓缩数倍后制成的熏香油对猫来说刺激性过强，有剧毒。

花、观赏植物等

以百合科为首，葱属植物、天南星科植物等。对猫来说有毒的植物有数百种之多。

香烟

连儿童误食了都有危险，对于身体娇小的猫而言，更是如此。

营养药剂

人用的处方药对猫来说，即使没有毒，也会因为药力过猛而存在危险。

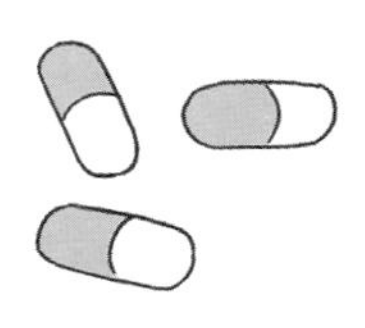

电线插头

猫咬破或抓破电线时可能会触电。如果没办法藏好，则需要装绝缘罩。

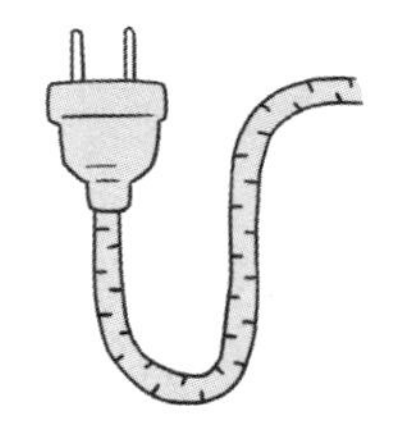

柑橘类水果的气味

柑橘类的水果对猫来说并非都有毒性，但猫不喜欢它们的气味。

用猫爬架创造一个属于猫的休闲空间

猫喜欢待在可以俯视周围的地方

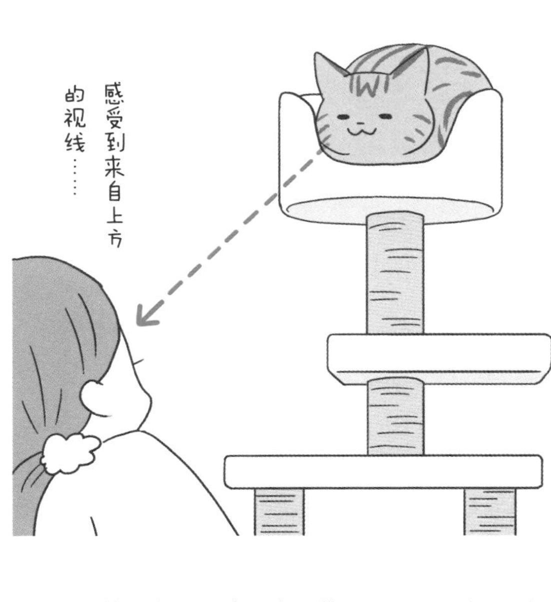

喜欢爬高是猫的天性，要为它提供一个可以攀爬的环境

猫特别喜欢高的地方。这种喜好传承自需要在野外单独狩猎的猫祖先们。爬到树上或其他高的地方可以帮助它们躲避外敌，同时还方便它们发现猎物。另外，据说在猫之间能够占据高地是地位高的象征。

要理解猫的这种习性，尽量不要在书架或冰箱上放置额外的东西，留给猫可以安心攀爬的空间。也推荐你在家里装一个可以方便猫爬上爬下、解决它运动不足问题的猫爬架。

安装猫爬架时的注意点

可以用家具替代专门的爬架

家里没有空间安装猫爬架时，可以用斗柜等分上下层的家具来替代。

将猫爬架安装在靠窗的地方，方便猫登高望远

很多猫喜欢观察窗外的世界。将猫爬架设置在靠近窗户的地方，方便它从高处看窗外，它会很开心的。

为了防止猫滑倒，应该选择表面粗糙的材质

很多猫会突然乱跑乱跳，为了防止滑倒以及减少它们爪子和腿部的负担，应该尽量选择材质表面粗糙的爬架。

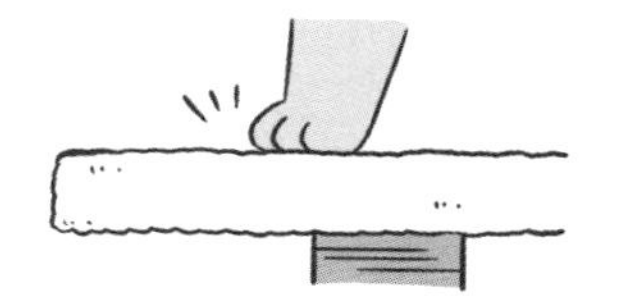

平台的边角做成圆的更令人放心

为了防止撞上时因冲击力过大而受伤，平台的边角做成圆的更令人放心。这一点在为人类幼儿考虑时也是一样的。

memo

对于幼猫和老猫，
最好安装帮助它们爬上爬架的踏板，并且缩小爬架每层之间的高度。适合不同年龄的猫玩耍的地方也不一样，这些都是猫主人需要考虑到的。

比起昂贵的猫窝，猫更喜欢纸盒子

能够在舒服的地方想睡多久就睡多久，这才是幸福的「猫生」

要问猫的追求是什么？那就是在想睡的地方睡个够

据说猫每天平均的睡眠时间是16~17个小时。因此睡觉的地方对于它们来说是度过每天大部分时光的非常重要的场所。受猫自身的个性和生长状况以及温度、湿度等外部因素的影响，它喜欢的猫窝的材质和放置地点也会发生变化。要在家里准备多个猫窝，并且要放置在人较少在周围走动、光线较暗等适合猫睡觉的地方。比起市面上售卖的价格昂贵的猫窝，很多猫更喜欢睡在你临时为它准备的塞满布料的纸盒子里。

关于猫窝的各种“梗”

坐垫被霸占了

装脏衣服的篓子

浴缸的盖子上

你的腿上

放置猫窝时的注意点

与人的活动范围的关系

猫窝不要放置在人经常活动的路线上。在猫可以感受到主人气息的地方和可以安静地独自待着的地方分别放置猫窝，让猫根据自己的心情来选择。

与温度的关系

光照处还是阴凉处？暖和的被子还是相对凉爽的布料？放置适合不同气温的多个猫窝，让它自由选择。就像有时你洗完桑拿还想泡个热水澡，猫也会一下在这个窝睡睡，一下又跑到那个窝睡睡。

家里要放置多个猫厕所

基本计算方法是猫的只数+1，脏的厕所是猫产生压力的根源

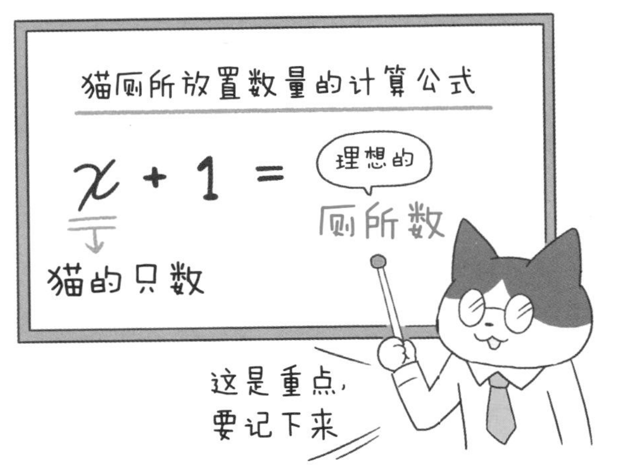

「吃完了拉」才是健康的基础 要经常检查猫的排泄状况

主人不在家的时候或是晚上睡觉的时候，猫厕所都无法得到及时的清理。为了让猫能够随时用到干净的厕所，家里准备2~3个猫厕所是比较理想的。排泄状况是猫健康的晴雨表，因此猫厕所最好放置在主人可以随时去看的地方。为了保持猫厕所的清洁，经常打扫是非常必要的。猫厕所的大小则大致为猫在猫厕所里可以自由转身的程度。猫砂的种类则需要多次尝试，从而找到你家猫喜欢的。

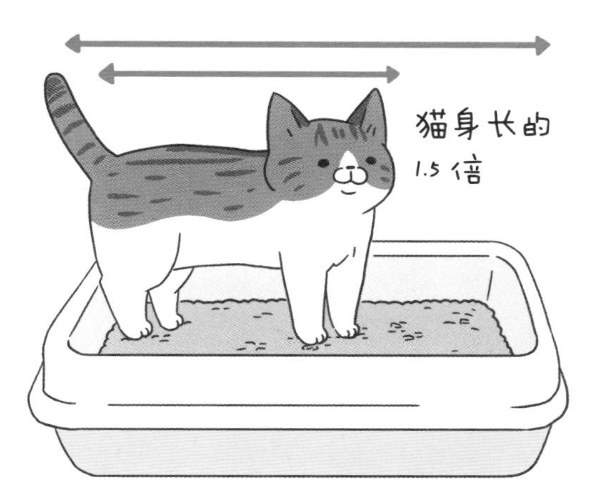

放置猫厕所时的要点是?

猫是一种在排泄时会变得比较神经质的动物。因此猫厕所要放置在安静且令它放松的地方。但又不能离它平时活动的地方太远,不然它会经常忍着不去上厕所。养多只猫的时候要确认是不是每只猫都有正常排便。最好在家里放置多个猫厕所,并且确保有多条路径可以通向猫厕所。

各类猫砂任君挑选

猫砂或是猫厕所里铺的尿布有很多种类。有些猫会对它们的气味或触感非常挑剔,这是你无法控制的。另外也有具有不同功能的猫砂,有的可以直接倒到厕所里冲走,有的遇到尿液会变颜色(这种虽然方便,你能知道什么时候需要清理,但会使你不容易观察到猫尿液本身的颜色)等。

memo

更换新的猫厕所时,要把之前猫厕所里带有你家猫尿液味道的猫砂或是尿布放进去。

一开始需要多尝试几种不同的磨爪器

能有一个固定可以用来磨爪子的地方，猫和主人都会比较开心

有站起来磨的，有爬上面磨的，有纸质的，有木质的……找到你家猫喜欢的种类吧

猫因为要磨爪子而抓伤家具或墙壁，这类事情总是令猫主人们头痛不已。对于猫来说，磨爪子完全是出于本能，因此就算主人再怎么费劲去管教都是徒劳。家具、沙发、房间里的柱子，这些都是猫喜欢留下自己痕迹的地方，磨爪器应该放置在这些东西的附近。磨爪器的材质分为木头、硬纸板、麻绳等，要通过不断尝试来搞清楚猫的喜好。搞清楚了之后，再把磨爪器以合适的角度摆放在合适的地方。

让猫养成良好的磨爪子的习惯

磨爪器用旧了就要换新的

用旧了的磨爪器抓力会变小，于是猫磨爪子时的舒爽感就降低了。因此，虽然没必要买价格贵的产品，但一定要经常换新的。因为有了新的磨爪器而开心地咕噜咕噜直哼哼的猫也特别可爱。

要在还是小猫的时候教会它如何磨爪子

主人可以自己模仿磨爪子的动作给小猫看，或者轻轻握住小猫的前爪教会它在磨爪器上磨爪子。只要放置的地方和磨爪器的种类没有出问题，这样反复几次，小猫就能学会在有自己气味的磨爪器上磨爪子了。

放置时的注意点

- 放置在猫可能想要磨爪子的地方
- 放置在布制或藤条制家具的附近
- 放置在猫能放松的地方
- 放置在猫进食的地方附近

要理解猫喜欢磨爪子的天性，事先放置好磨爪器。很多猫习惯饭后磨爪子，因此也推荐将磨爪器放置在猫进食的地方附近。不要只考虑到人，也要考虑到猫的需求，对于会让你头疼的磨爪子的行为要采取预防的态度。

猫也需要一个独处的「避难所」

猫特别擅长捉迷藏，要给它们能充分发挥这种天性的地方

猫没有幽闭恐惧症，包裹在狭小的空间里只会令它感到安心

除了喜欢高处，猫还喜欢挤进一个可以把自己的身体紧紧包裹起来的窄小空间里。这仍然是传承自它们生活在野外的祖先，是一种为了防范外敌而形成的习性。为了能够充分满足猫这种本能的需求，可以在房间里人够不着的高处或是走廊的角落里放置一个能成为猫的「避难所」的纸盒子或某种管状容器。有了它们，你家的猫一定会非常开心的。但是，如果猫一直待在里面，连饭都不出来吃的话，会对它们的身体造成不良影响，这一点要引起注意。

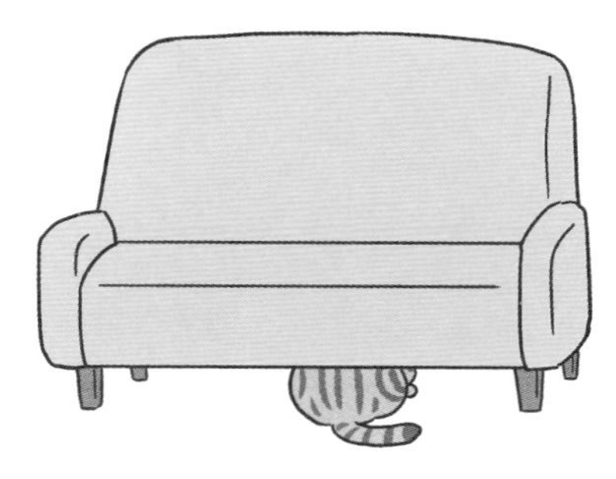

躲起来立刻就安心了

猫是一种只要看到光线暗的地方或是窄小的地方，就想试着钻进去看看的动物。有些猫甚至会藏到连自己的主人都找不到的地方。

家里有客人来的时候

在家里有客人来的时候，一定要保证猫有一个可以躲起来的地方。尽可能在客人不太会进去的里屋里给猫留一块这样的地方。

注意点

- 只要有一点小空间就可以。
- 像窗帘背后、家具底下等，就算不是专门准备的地方，只要猫能钻进去，待在里面就行。
- 有的时候猫虽然躲起来了，但其实是希望被主人找到的。感受到猫的视线的话，可以过去把它找出来，吓它一下。

如果你觉得猫故意放轻动作，想要隐藏自己的气息的话，即使看到它，也假装没看见比较好。

房门不要关死

除了不希望猫进去的房间之外，其他的地方要让它可以自由出入

喜欢到处乱窜是猫的天性，把它关在一处会让它感受到压力

猫经常会一边在门外喵喵叫，一边用爪子抓门，要你把门打开。对猫来说，整个家都是它的领地范围，因此它需要经常在其中走动，一方面是巡视，另一方面也是要找到温度适宜、适合自己休息的地方。

如果是租的房子，门上不可以装专门给猫进出的猫洞的话，建议你不要把房间门关死，留下一条窄缝，方便猫进出。

处理好猫和房门的关系

冷暖气是否适合猫

通常猫都比较怕冷而不怕热。因此主人用的冷气很多时候会让猫觉得冷。如果房门开着，它可以去找自己觉得舒适的地方。但如果房门关着，或者原本就只有一个房间的话，猫就比较可怜了。在有多个存在着一定温度差的房间的时候，最好可以让猫选择自己想待的地方。

猫洞是最理想的

在房门上装上猫可以自由进出的猫洞对于猫与主人来说，都是最方便的。这样就不用每次都专门跑去给猫开门了。已经装好的门重新安装猫洞比较困难，因此，建议在换新家或者打算重新装修时考虑在房门上装猫洞。

为了防止猫在开关房门时被撞倒
或是被夹住，建议安装门挡。
有些聪明的猫会自己开门，
所以不希望门被猫打开时，最好上锁。

外面的世界很危险！一定要谨防猫走失

既要预防，又要想好对策，做好两手准备

猫走丢并不是因为不喜欢自己的家，而是出于好奇心

多数猫只要让它找到一点机会，就会想尽办法从家里偷跑出去。无论是窗户还是阳台，为了不让猫有任何可以钻出去的机会，最好装上防护网或护栏。这样做同时也是为了防止猫从楼上摔下去。开关大门时，猫有时会乘机窜出去，因此可以在进门的地方安装护栏，并且自己要随时注意把大门关好，以此来杜绝这类情况的发生。另外，可以通过事先挂名牌或植入微型芯片等方法提高猫走失后被找到的概率。让我们一起来探讨解决的对策吧。

为了预防猫走丢能做些什么呢

大门

主人进家门时猫通常会提前察觉到。为了防止猫乘机窜出去，在大门内最好再装一层隔离门。

窗户

这是最容易造成猫走失的地方。有时候没锁好，猫便会自己把窗户打开跑出去。因此要随时注意把窗户锁好。

阳台

对猫来说，从阳台跳出去，顺着别人家的房檐溜走简直就是小菜一碟。因此要么装上防护网把整个阳台包起来，要么就完全不让猫到阳台上去。

万一猫走丢了该怎么做

去附近找

自己要冷静，一边喊它的名字，一边找。走丢的猫有时会惊慌失措，因此你要带上宠物外出便携包或洗衣网，方便带它回家。

植入微型芯片

可以事先在猫身上植入记录有主人联络方式和猫特征等信息的微型芯片。如果走丢的猫被动物防疫站找到，他们就能读取芯片里的信息，找到猫主人。具体的植入方式可以去宠物医院咨询。

张贴寻猫告示

把印有猫照片和主人联络方式的告示张贴在宠物医院或小区的公告栏上。另外，在家门口放上它喜欢吃的食物，等它回来也不失为一个办法。

还有一个方法就是在猫项圈上挂上名牌。
宠物店里可以买到各种给猫用的名牌。

从它10岁起就要当作是老猫来照料

尽可能久地陪伴你的猫，哪怕一天也好

让猫能陪伴你更久

为了心爱的猫能健康、长寿，从它10岁起，就要把它看作是老猫来照料了。生活的环境也要相应做一些调整。

为了减轻它腰腿的负担，要多安装一些帮助它攀爬的踏板，尽量减少它平时移动路径上的障碍物。另外，最好还能增加猫厕所、猫窝、饮水地点的数量。食物也要换成适合高龄猫的食物。对猫来说家就是它的领地，家里有老猫，搬家或重新装修都会给它带来巨大的压力，因此应尽可能避免。

猫上年纪后有哪些事情是你能为它做的

要注意室内温度

上了年纪会更加怕冷，这件事情上猫和人是一样的。猫长了1岁相当于人长了4岁。因此去年对它来说合适的温度今年未必还合适。在需要开冷气的季节，要给它准备好温暖的被子，方便它取暖。

不要随意改变环境

环境的改变对猫来说是很大的压力。对老猫来说更是如此。因此除非绝对必要，否则尽量不要大规模地改变它生活的环境。必须这么做时，也尽量不要改变猫活动区域内的整体氛围，它平时用惯的东西也不要换。

要注意高低落差

原本可以很容易跳上去的高度却跳不上去了，或者从高处跳下时发出较大的响声。不要忽视这些信号，在猫爬架、猫厕所、沙发、床等猫平时经常活动的地方安装一些斜坡或踏板吧。

要改变陪它玩的方式

一旦猫在爬架上攀爬的次数减少了，主人则要拿它喜欢的玩具陪它玩耍，避免出现运动不足的状况。保持好奇心、多和亲人互动、适度运动是有益身心健康的，在这一点上猫和人也是一样的。

猫主人也要有防灾意识

灾害会在什么时候以什么方式发生，我们无从得知，但要尽量防患于未然

在准备人的救生包时，也要准备一个猫专用的救生包

台风、地震、水灾、火灾，要在这些紧急情况出现前为自家的猫做好准备。准备一个猫专用的救生包，里面要装好足够3~5天使用的药物、猫粮、水、卫生用品、食盆、爱用的毛巾等。

另外，还应该放几张猫的照片和记录有猫的健康状况、主人的联络方式等信息的纸条在救生包里，以应对猫与主人失散的情况。考虑避难时可能出现的状况，让猫平时就习惯猫笼和宠物外出便携包也是有益处的。

猫用救生包中需要放些什么?

植入微型芯片的作用

如果走失的猫被动物防疫站或宠物医院找到，他们可以通过读取芯片里的信息联络猫主人。另外，建议平时就在猫项圈上挂上写有联络方式的名牌。

清 单

- □ 食物（如果是生病期间，医生推荐的食物应多准备一些）
- □ 水（足够 5 天喝的量）
- □ 药品
- □ 食盆
- □ 毛巾
- □ 卫生用品（用惯的猫砂、尿布等）
- □ 猫的照片
- □ 写有猫信息的纸条（包括照片、健康状况、主人的联络方式）
- □ 经常就诊的宠物医院的联络方式
- □ 毛刷
- □ 玩具
- □ 防尘袋

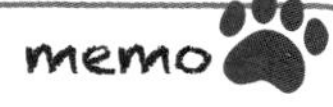

有的猫主人会在每次地震警报响起时都给猫吃零食，来训练它不要逃走。

给猫喂食的基本知识——次数、量、种类

只要能保证每日的基本进食量，有些方面可以不用太严格

多数猫吃东西都是有一口没一口的，还有一些猫对口味比较挑剔

成年猫一般一天进食两次。但是猫原本就没有在固定时间进食的习惯，通常是「想吃的时候再吃」。实际上只要能保证每日的基本进食量，分成多少次来吃都是可以的。吃一下，停一下，每次只吃一点都没关系。要以包装袋上明确标有「综合营养」字样的猫粮为主食，以标有「普通」字样的食物作为零食和配菜。（注：中国的猫粮大都还没有此类明确的标识，需要猫主人根据营养成分自行判断。）

以“干猫粮 + 水”为主

干猫粮的主要特点

只要包装袋上明确标有“综合营养”字样，平时只吃这一种猫粮就可以。由于这类猫粮不容易变质，你可以一次性在食盆里给它放上一天的量。同时要让猫随时可以喝到新鲜的水。还有一点很重要，猫粮一旦开封就必须在一个月之内吃完。

湿猫粮的主要特点

相对于干猫粮而言，湿猫粮容易变质，因此最好每次只在食盆里放能够很快吃完的量。和干猫粮比起来，湿猫粮价格更高，而且通常属于“普通”类猫粮，所以更适合作为猫的零食。但有人说吃湿猫粮过多，猫容易形成牙垢。由于含有的水分较多，对于平时喝水偏少的猫，可以起到补充水分的作用。

幼猫用、成年猫用、老猫用、室内用等，
请根据猫的生长阶段和平时的习惯来选择适合的猫粮。

绝对不能给猫吃人的食物

在主人吃饭的时候猫经常会过来讨食。甚至会故意卖萌来讨好你，很多主人立刻就沦陷了。但是为了猫的健康，这时候一定要狠下心来才行。一方面人的食物往往调味比较重，另一方面里面还经常含有葱、洋葱等对猫来说有毒的食材，猫吃了可能会中毒或诱发疾病。

如果猫无论如何都一定要吃的话……

如果猫讨食讨得太厉害，使你无法安心吃饭的话，在开饭前把猫关到房间外也不失为一个办法。虽然这么做猫会显得比较可怜，但是比起你在它的卖萌攻势下最终失守，这样做反而对猫更好。只是吃完饭了，记得多陪它玩玩，哄哄它。

肥胖是一切疾病的根源

猫原本是一种靠着狩猎来获取食物，并且只在狩猎成功时才能进食的动物。而家养的猫不仅运动不足，还过着不用狩猎，每天都会有食物自动跑到碗里的安逸生活。如果每次它来讨食的时候，主人还都开开心心地给它的话，不出意外，它就会胖成一个球。肥胖可以说是一切疾病的根源，所以一定要控制好它的食量。

向着减肥成功而努力

和人一样，猫一旦胖起来，想减下去可就不那么容易了。最重要的还是从一开始就要避免它发胖。真到了需要减肥的时候，则需要减少它的食量，使用专门的减肥食谱，并保持一定的运动量。猫主人要在猫来讨食时坚守立场。即使猫一开始不肯吃减肥食物，也不能妥协。要多抽时间陪它玩。

不肯吃东西的时候要给它「加料」

通过主人的努力来唤起猫的食欲

一直吃得好好的猫粮，突然就不肯吃了

猫是属于对味道比较不敏感的动物。可以说吃与不吃全凭心情，食欲也是一波一波的，出现低谷并不奇怪。这时候可以试着把它平时吃的食物稍微加热一下，或是用热水泡软一点，也可以配上一些湿猫粮。想办法刺激它的食欲。也有可能是因为喂食的场所或是食盆出了什么问题。如果连续2~3天食欲不振，则可能是患有牙周病或内脏疾病，需要带它去宠物医院做检查。

亲手给猫做食物也可以

如果想要享受和自家猫一起吃饭的快乐，则需要为猫改变烹饪的方式。既不能加调味料，也不能使用固体汤料（往往盐分过多）。给主人自己吃的那份等盛到碗里再加佐料。鱼肉一类的食物用煮或蒸的方式来烹饪比较容易受猫欢迎。万一猫不愿意吃，主人也可以自己吃掉，不会造成食物浪费。

其实光吃肉就够了

猫原本就是肉食性动物。它的身体构造并不适合消化蔬菜和谷物一类的食物，所以只给它吃肉就可以了。但鱼吃得过多的话，氧化后的油脂容易附着在内脏里。

可以少量给猫吃的食物

（都仅限于没加调味料的情况）
- 加热的肉、鱼、蛋类
- 海苔
- 薯类
- 豆类
- 米饭
- 小鱼干（仅限极少量）

memo

主人要多花心思，下功夫，增强面对
猫卖萌时的意志力，培养猫良好的饮食习惯。

有哪些东西是猫不能吃的

千万要注意！主人的餐桌上有大量猫吃了会有危险的东西

因为猫身体娇小，很多东西哪怕吃极少量都会出大问题

吃饭的时候猫靠过来的话，主人一般都会忍不住分一些食物给它吃。但是如果缺乏相关的知识，你很可能会喂给猫存在危险的食物。

其中最具代表性的就是洋葱、大蒜、韭菜等，它们很可能会引起猫贫血或急性肾功能障碍。大量吃巧克力会导致猫死亡。甚至连通常被认为是猫最爱吃的鱼类，在喂给它吃时也要注意。比如大量喂食青背鱼就不可以。另外，猫也不能喝含有乙醇或咖啡因的饮料。

猫不能吃的食物一览表

鳄梨

吃了以后会引起痉挛以及呼吸困难。是一种除了人以外，对很多动物来说都具有毒性的水果。

坚果类

和苹果核一样，猫吃了可能会引起氢氰酸中毒。

生的乌贼、章鱼、虾

吃了可能会引起消化不良。大量吃生虾还可能使猫缺乏维生素 B_1。

巧克力

巧克力中含有引起严重中毒反应的成分，非常危险。

乙醇类饮料

对于身体无法分解乙醇的猫而言，饮用少量就很有可能引起中毒。

洋葱、葱、大蒜、韭菜

这些都是可能引起猫贫血和肾功能障碍的高危险性食材。即使加热也无法破坏它们含有的危险成分。

苹果、桃子、樱桃等的种子和叶子

它们中含有的一些成分，即使少量食用，也可能在体内转化为氢氰酸。对于身体娇小的猫而言，还是不吃为妙。

青背鱼、金枪鱼

大量生吃会使猫缺乏维生素 E。但以这些鱼类为原料生产的猫粮中会额外添加维生素 E，所以不必担心。

调味料、香辛料

含盐量大或刺激性强的调料可能会导致猫肾功能障碍等疾病。

咖啡、红茶

有提神作用的饮料，对于身体娇小的猫而言，哪怕少量饮用，效力都显得过强。

为了猫的身体健康，光给它吃猫粮就足够了。
只有猫专属的食物才能让它安全、健康地生活。

如何防止猫误饮、误食

不是因为想吃才去吃，而是看它放在那儿，就没忍住好奇心……

存在危险的东西要收拾好，通过多陪猫玩来解决

猫有时会把丝带、塑料薄膜等东西吞到肚子里。这并不是因为猫真的想吃它们，而通常是因为好奇，在玩耍的时候不小心吞下去了。

重点在于不要把那些可能会被猫吞到肚子里的东西乱放在房间里。另外，由于幼猫过早离开猫妈妈，因此会把毛织品等当作是猫妈妈的肚子去寻找母乳，由此而引起误食的情况有时会发生。多抽些时间陪猫玩耍，弥补它感情上的缺失，这也是防止误饮、误食的一个重要途径。

如果发现异常，要带它去医院

如果吞进去的东西比较小，那么会随着排便自然排出体外。但有时异物会刮伤内脏，或者卡在肚子里而引起身体不适。尤其是幼猫，由此而出现危险的情况也并不罕见。如果猫一直不吃东西，或是看上去好像有哪里不舒服的话，最好尽早带它去宠物医院。

可能被猫不小心吞下去的东西

• 针

• 橡皮筋

• 铃铛

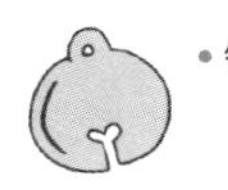

那些容易缠在一起的线状的东西，那些亮闪闪的东西，以及那些小且可以滚动的东西尤其需要注意。经常有主人在看完医院给猫拍的 X 线片后疑惑道："为什么会把这个吞下去呢？"而这时多数都需要通过手术才能将异物取出，这无论对于猫而言，还是对于猫主人而言，都会造成很大的负担。

• 纽扣

• 毛球

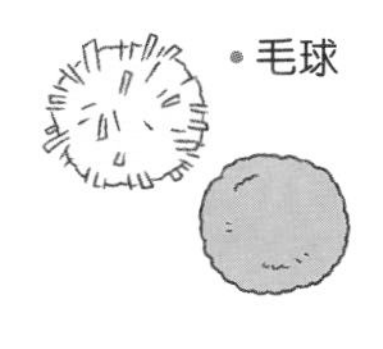

• 毛线

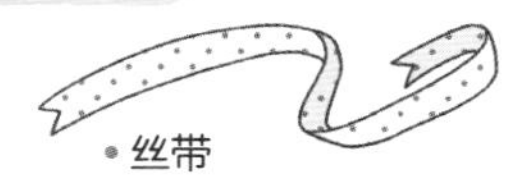

• 丝带

小东西一定不要乱放。收拾好房间是保证猫的安全和舒适的第一步。

要在多个地方准备好新鲜的水

能够随时喝到新鲜的水是猫维持健康不可或缺的

猫往往是想到了才去喝水，还喜欢边喝边玩

除了喂食以外，补充水分对于猫的健康来说也是同等重要的。给猫喝水的地方不能只固定在一处。这是因为猫并没有在固定地方喝水的习惯。要通过在家里的多个地方给它准备好饮用水的办法来增加它喝水的次数。

另外，猫喜欢喝新鲜的水。诀窍就是，不要每次看到水不够了就直接往里加，而要将喝水的容器整个清洗一遍并换上新的水。另外，矿泉水是硬水，可能会引起泌尿系统结石，所以最好不要给猫喝。

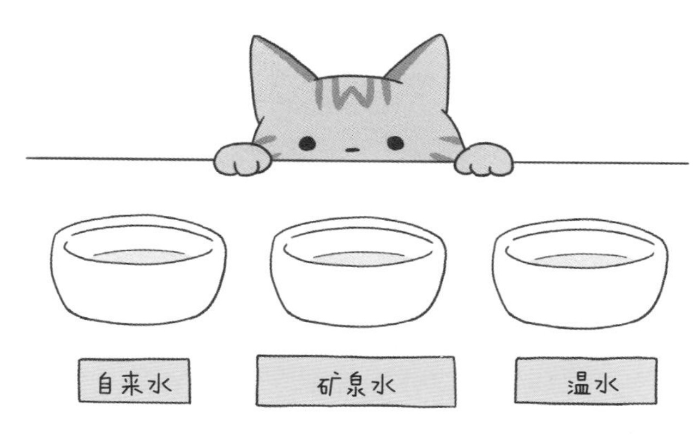

找到你家猫最喜欢喝的水

或许因为它们最早是来自沙漠地区，很多猫在无意间发现可饮用的水的时候都喜欢凑过去喝两口。还有些猫看到水龙头上的水滴，就会把脑袋伸过去舔；或是看到主人洗完澡时身上没擦干的水滴也会跑过来舔。可能发现水源这件事对猫来说就是一种乐趣吧。天冷的时候准备些温水，猫也会很开心的。

喝水的地方要远离猫厕所

猫对于个人卫生非常敏感。猫不喜欢在靠近猫厕所的地方喝水、吃东西。装水和猫粮的容器最好放在远离猫厕所的地方。另外，猫并没有一边喝水，一边吃东西的习惯，所以水和食物也没必要放在一起。

猫对于盛水的容器也有自己的喜好

因为很多猫不喜欢喝水的时候胡须碰到碗口，所以推荐使用碗口较大的容器。另外猫也不喜欢和其他的猫共用喝水的容器。因此，在养多只猫的时候，容器的数量一定要超过猫的只数。

猫厕所每天都要清理干净

干净的猫厕所可以让你家的猫每天都神清气爽

猫厕所不打扫干净，猫会憋着或随地大小便，甚至导致疾病

猫的尿液很浓，并且因为它们是肉食性动物，粪便的气味往往也比较大。猫很爱干净，对气味也很敏感，所以如果猫厕所没有及时打扫，它们就不愿意再使用了。它们可能会忍住不去大小便，这样容易导致疾病。它们也可能在其他地方随地大小便。猫在大小便过后会立刻用猫砂将排泄物埋起来。每 2~4 周就需要将猫砂全部换新的，并且将装猫砂的容器清洗干净。请不要使用带有猫不喜欢的柑橘类香味的清洁剂清洗。

每天排便 1 次，肠道更健康

虽然存在个体差异，但总的来说每天排尿 2~4 次、排便 1 次是猫身体健康的标志。如果排尿的次数少于 2 天 1 次或多于 1 天 7 次，则可能是生病了。另外，即使排便的次数减少到 2~3 天 1 次，只要粑粑干湿适中，并且看起来很健康就没太大问题。如果超过 4 天没有排便，或是感觉它排便时在拼命使劲，并发出痛苦的叫声，则需要多注意观察一下。发现情况不对，就需要带它去宠物医院。

打扫猫厕所时的注意点

要在它弄脏之前就打扫。这是可以帮你少花工夫的重要诀窍。在猫使用完厕所后，将弄脏的部分清理掉可以防止臭味的产生。另外，一边清理尿液和粪便，一边观察，还可以帮你了解猫的健康状况。猫厕所每天要打扫 1~2 次。每个月要把猫砂全部更换 1 次，容器也要彻底清洗。清洗后能在阳光下晒干是最好的。

不要用带有柑橘类香味的洗涤剂

猫对气味很敏感。最好不要用带有香味的洗涤剂清洗。尤其是猫讨厌的柑橘类香味，要尽量避免。如果猫不喜欢猫厕所的味道，会养成需要排泄时先憋住的坏毛病。

猫每天的睡眠时间是 16 小时。
给它一个舒服的窝，它就会还你一个天使般的睡颜。

猫每天的睡眠时间是16小时

给它一个舒服的窝，它就会还你一个天使般的睡颜

看到猫一直在睡觉也不必在意，这是它们体魄强健的秘诀

猫会把狩猎之外的时间全用来睡觉以保存体力。生活在野外的猫祖先们的这种习惯被传承了下来，所以现在猫每天的睡眠时间可以达到16~17个小时。虽说如此，但其中有近12个小时的时间，猫是处于浅眠状态的。此时它们的脑部活动其实非常活跃，只是身体处于放松的状态中。因此，看似在睡觉的它们时不时还会动一下脚或是尾巴。猫睡觉的样子非常可爱，主人往往会忍不住想要去抚摸它们。但是在熟睡时被打扰其实是犯了猫的大忌讳的。无法安心睡觉只会让猫不断累积压力。

让猫自己选择睡觉的地方

猫常会凭着一时兴起选择睡觉的地方。可以多为它准备几个不同的睡觉地点，供它们选择。有时猫也会睡到主人的腿上，或是随便靠着个什么就睡着了。尽量不要在它睡着的时候移动它，但如果实在有必要，则要轻轻地把它抱去一个可以安心睡觉的地方。

哪些反应表示猫睡得不好呢？

- 不断翻身
- 不断甩动尾巴
- 反复起身换地方睡

没有空调，猫会睡得更舒服

猫不怕热，对它们来说空调通常都是不必要的。尤其是在睡觉的时候，猫更喜欢温暖的环境。它们会自己选择一块柔软且温暖的地方睡。反而是空调开得过冷的房间或是对着空调出风口的地方会让它们觉得不舒服。所以如果要开空调的话，尽量不要把房间门关死，好让猫可以自由出入。

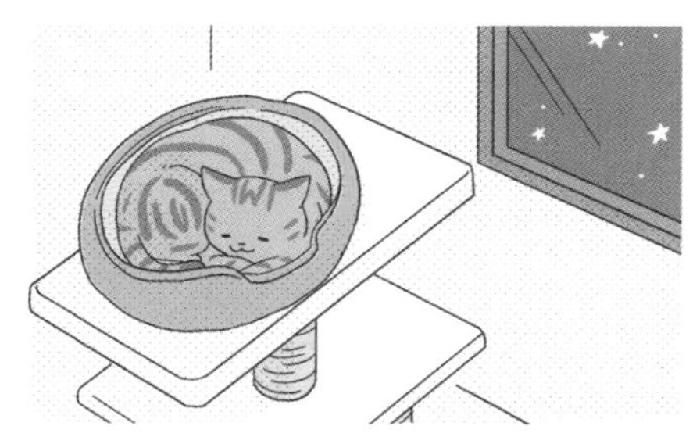

memo

有一种说法认为日语中“猫(neko)”这个词的读音就是从“睡觉的孩子(neruko)”这个词演变而来的。

猫舔毛是为了让自己放松

猫用舌头舔毛来不断确认自己的气味

继承自祖先的健康指标

猫的祖先最初是为了调节体温，才用舌头舔自己的毛的，而这一习性被猫一代代继承了下来。另外，猫在被主人训斥后有时也会开始舔毛，这在动物学上被称为「转位行为」。猫这么做是为了让自己从紧张的精神状态中放松下来。如果猫舔毛的次数比起平时频繁了很多，则很有可能是因为什么事使它感到了压力。而反过来，如果猫完全停止舔毛，则可能是因为它受伤或是生病了。可以说舔毛行为发生的次数也是猫身心健康的晴雨表，身为猫主人应当随时关注。

幼时的记忆留存到了现在

出生后一个月左右大的幼猫还不会自己舔毛，这时都是猫妈妈代劳的。猫妈妈替小猫舔毛还能起到一定的按摩的效果，这对小猫来说是最美好、最幸福的记忆之一。猫之所以可以靠着舔毛使自己放松，或许也和它们幼时的这段幸福的回忆有关吧。

“休战”时猫也会舔毛

舔毛行为不仅出现在猫放松的时候，正在打架的两只猫有时也会突然停下来各自舔起毛来。这是为了控制打架时过度兴奋的情绪，同时也是为了接下来的行动而稍事调整。可以说舔毛已经成了猫无意识间控制情绪的一种“镇静剂”了。

舔毛既可以帮助猫去除老化的毛发和皮肤细胞，
同时也是在用舌头给自己按摩，有促进血液循环的效果。

猫靠着蹭来蹭去来圈定自己的领地

遇到了没见过的东西先上去蹭蹭

不让它蹭，它会觉得不安，所以让它蹭个够吧

猫经常会用它们的头或身体去蹭周围的东西。这是猫为了让自己领地里的人或物体带上自己的气味而做出的一种标记领地的行为。如果周围没有猫身上的气味，它们就会感到不安，因此，它们会频繁地让周围的东西带上自己的气味。养多只猫的时候，它们会相互蹭对方来交换气味。猫如果主动跑来蹭你，不要去摸它或把它抱起来，那样会打断它。应该让它蹭个够，这样猫会比较安心。

在周围的所有东西上都贴上自己的标签

对于猫来说，无论是主人也好，还是家具也好，都没有关系。它们只是想让身边的所有东西都带上自己熟悉的味道。

在领地里巡逻是例行事务

猫蹭来蹭去的行为有着声明领地所属权的意味。但是和用爪子留下的抓痕或撒尿留下的气味比起来，蹭一下留下的痕迹存在的时间比较短。因此，一边在领地里巡逻，一边四处蹭蹭是猫每天例行的功课。

蹭蹭也是在给主人打招呼

猫把头靠在主人的手上蹭蹭，其实更多是在跟主人打招呼。这和猫彼此之间蹭对方的头来打招呼的方式是类似的。和蹭你的手比起来，你家猫也许更想跟你头蹭头吧。

猫对你慢慢地眨眼睛，表示它喜欢你

既不要和猫对视，也不要无视它的视线

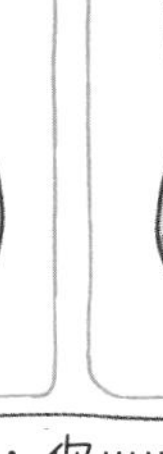
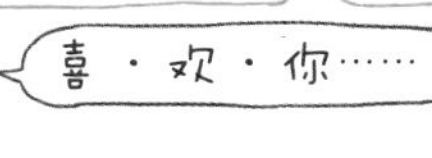
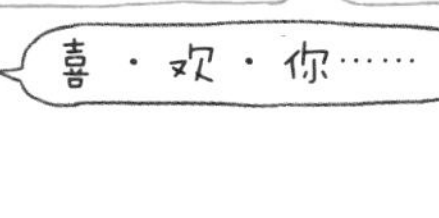

通过相互眨眼来分享彼此的安宁与幸福

猫对着你眨眼睛表示你已经走进它心里了。猫在放松的时候会眨眼睛，或把双眼紧闭起来。而反过来，如果它把两只眼睛睁得大大的，死死地盯着看，则表明它处于警备状态中。猫之间在打架的时候，除非一方先把视线转移开，否则双方都是不会眨眼睛的。在刚开始养猫时，或者接触外面的猫的时候，如果猫没有对你眨眼睛，可以通过先对它慢慢眨眼睛的办法来让它安心。

对视对于不熟悉的人是警戒，对于熟悉的人是在打招呼

警戒心比较强的野猫会和不认识的人对视，保持戒备。一边待在原地，一边用视线来确认对方的位置，这是因为它感到自己被对方盯上了。但是家养的猫则不同，它和主人对视通常只是在打招呼而已。

我们用语言表达的，猫却用眼神来表达

认为猫的眼神交流只是单纯的打招呼，于是无视它的做法其实也不对。因为猫不能开口说话，很多时候是靠着眼神来把想说的事情告诉给主人的。不同的眼神表达的事情也千差万别。作为猫主人要从平时起就要学会如何和猫交流。

一旦你不理它……

如果想要你陪它玩的眼神被你忽视，猫最终就只能“付诸武力”了。猫会扑通一下趴倒在你摊开的报纸或电脑键盘上来干扰你。这都是猫想要引起你注意的举动。

猫缓缓地眨眼睛也可能只是因为它困了。
这时候你也可以对它眨眼睛，帮它入睡。

猫「踩奶」是出于幼猫时的记忆

想起猫妈妈时就会不自觉地这么做

猫不管多大都喜欢撒娇

猫总是喜欢在毛巾或是被子上踩来踩去，看起来非常可爱。这种行为看上去是在为睡觉做准备，但其实是产生自它还是幼猫时的记忆。幼猫在吃母乳时为了把奶挤出来，会一边用前爪按摩猫妈妈的乳房，一边吃。正是因为记得当时的那种舒适感和安心感，猫在成年之后碰到毛巾、被子等质地柔软让它们觉得舒服的东西时才会出现「踩奶」的行为。

无论是哪种叫法都很可爱！

“踩踩”？“捏捏”？“握拳头”？

“踩奶”是猫特有的一种撒娇的行为。很多人第一次见到的时候都觉得不可思议。其实猫在“踩奶”的时候不仅仅是用它们的前爪交替地踩，同时猫还会不断地开合前掌掌心去挤压。因此，这种可爱的动作又被称为“踩踩”“捏捏”“握拳头”。

猫无论长到多大都是个宝宝

除了“踩奶”之外，猫的撒娇行为中还有一样就是它们会吸主人的手指头。这同样来自它们哺乳时期的记忆。虽然有的猫很小的时候就不再这么做了，但是也有猫老了之后，好像突然回忆起幼时的记忆一般开始出现这些行为。

家养猫的特征之一就是
它们往往保持着幼猫时期的特性。
在主人面前无论它们长到多大都还是个宝宝。

「咕噜咕噜」叫声的秘密

这个不知是如何发出的叫声中居然包含着这么多意义

不仅表示它心情好，还有提出要求和自我治愈的效果

在被猫主人抚摸头的时候，或是幼猫吃母乳的时候，猫会发出「咕噜咕噜」的叫声。这是猫在觉得舒服时发出的声音。但有时其中包含的意义却不只如此。它也可以是猫在向主人发出「我饿了，要吃饭了」的要求。也有一种说法认为，猫在不舒服的时候发出「咕噜咕噜」的声音可以帮助它们提高身体自我修复的能力。

虽然「咕噜咕噜」的叫声有着这么多丰富的意义，但是猫是如何发出这种声音的，我们却还没能弄清楚。

声音的大小无关紧要

发出声音的大小与猫心情的好坏其实并没有直接的关系。有的猫发出的咕噜声小到只有把耳朵贴到猫肚子上才能听得见。而有的猫发出的咕噜声在隔壁房间都能听得很清楚。

猫一出生就会立刻发出“咕噜咕噜”的叫声

猫刚一出生就会发出这种叫声，幼猫在吃母乳时或感到放松时都会频繁地“咕噜咕噜”叫。还有一种说法认为幼猫的这种叫声会刺激猫妈妈分泌乳汁。

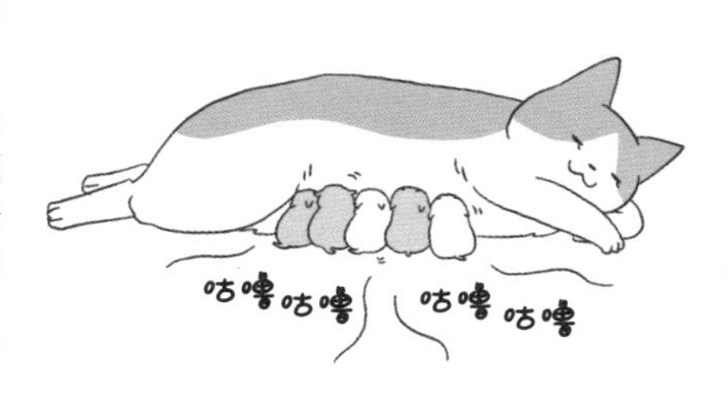

可以用于疗伤的叫声

除了感到舒服和放松的时候之外，猫在身体出状况的时候也会发出“咕噜咕噜”的叫声。据说靠着发声时产生的振动可以刺激骨骼加速新陈代谢，从而达到提高身体治愈能力的效果。

memo

曾经有猫在宠物医院的诊疗台上不断发出“咕噜咕噜”的叫声，以至于连心跳声都听不清了。

磨爪子

准备狩猎武器也好，标记领地也好，都是猫的本能

本能的行为也是猫健康的标志

猫的爪子包含外层坚硬的部分和内层有着神经和血管的部分。猫磨爪子首先是为了将已经老化的外层爪子磨去。其次，通过这么做将自己的气味蹭上去，圈定领地。

对于猫来说，爪子是它重要的武器，磨爪子也是它标记自己领地的手段之一。如果猫停止磨爪子可能是因为关节痛。这时要注意观察它们坐着或行走时的姿势。

生物的本能是不能被阻止的！

就好像我们头发长了就会想剪掉，猫也会想要磨掉老化的爪子。另外，磨爪子也是在留下自己的气味，是它们标记自己领地的本能行为。但想要剥夺这些生物本能是非常困难的。

要规定它们可以磨爪子的地方

既然磨爪子是本能，无法阻止，那还不如给它一个可以安心磨爪子的地方。可以在不希望被猫弄坏的家具上喷上带有它们讨厌的气味的喷雾，或是套上保护膜。同时，还要给它们准备一个符合它们喜好的磨爪器。

留下自己的气味是为了标记领地

到处撒尿也好，到处蹭也好，都是为了宣布自己的领土主权

这些行为都是为了留下自己的气味

猫有在领地内的各处留下自己气味的习惯。它们靠着额头、脸颊以及肉垫上分泌出的带有自己气味的物质来圈定自己的领地。人几乎感觉不到这种气味，但当它们用尿液来划定领地时，就会留下比较刺鼻的味道了。还没有做绝育手术的公猫可以通过绝育手术来解决这个问题。有时过大的压力也是它们频繁在家里各处留下尿液的原因。这时就需要检查一下它的生活环境，看是不是出了什么问题。

猫留下自己气味时的行为特征

尽量在高的地方！尽量显得自己高大！

猫试图在领地里留下自己尿液时会尽可能让气味留在高的地方。其目的是靠着留下气味的位置让自己尽可能显得高大，并以此来威慑闯入自己领地的入侵者。雄性猫留下的尿液会散发出刺鼻的气味，这也是为了保护自己的领地。

时限是 24 小时！

据说尿液保持的效力其时限为 24 小时。虽然过了这个时间其实还残留有足够的气味，但哪怕只减弱了一点就会使得自己的领地陷入危险，因此猫会每天重新留下一次自己的气味。在这一点上家养的猫也是一样的，因此我们经常可以看到猫在家里“巡逻”。

雌性猫用尿液留下气味的行为发生的次数明显少于雄性猫，气味也更容易接受一些。这是因为雄性猫更需要守护自己的领地，以此来独占领地内的雌性猫。

猫的后脚踢是在为狩猎做训练

狩猎的本能一旦觉醒，就阻止不了了

过剩的精力有时会让人受伤

猫用后脚反复用力踢的行为产生自它们狩猎的本能。这么做是为了在抓住猎物后让猎物停止挣扎。并且这种行为一旦开始就很难停下了。另外，猫想让你陪它玩，或者它觉得不舒服的时候也会出现类似的行为。往往紧接在踢后面的就是咬，这一点也请一定要小心。想要它停止这种行为的话，用玩具来吸引它的注意力是一个很有效的办法。另外平时多陪它玩，来满足它狩猎的本能也可以起到一定的作用。

阻止不了也停不下来的后脚踢

往日狩猎生活的记忆

猫只会对活动的东西做出后脚踢的行为。这是还处于野生时期的猫在捕获猎物后为了彻底降服还在挣扎的猎物而使用的办法。前脚将猎物按住，后脚不断地踢猎物来削弱猎物反抗的力量。最后用它们的尖牙来了结猎物的性命。

不要因为本能的行为而对它发火

和猫四处留下气味的行为一样，这些基于猫生存与狩猎本能的行为是不可能被阻止的。即使你反复提醒，它还是会一再“犯错”，这时你对它发火也无济于事。给它一个布偶玩具或一个软垫让它的本能可以得到充分满足才是正确的做法。

memo

后脚踢对于猫来说是很好的狩猎练习。
但有时它们的力道也会过大。
如果你被踢疼了，则要学会躲开它。这一点也很重要。

「深夜运动会」是在为狩猎做演习

既然有过剩的精力，不如就让我们在深夜开场运动会吧！

对于猫来说这是它们狩猎的时间

在主人睡觉的时候猫却叫唤不停，四处走动。或是天还没亮猫就跑来把你吵醒。养多只猫的时候，它们还会在夜里相互追逐，最后完全演变成一场深夜运动会。

猫之所以会出现这些行为，是因为它们原本就是习惯在天色昏暗时狩猎的动物。因此，它们会在深夜或一大早的时候为狩猎做演习。在睡觉前好好地多陪猫玩玩，来消耗它们的精力，这样可以使猫和猫主人都睡上一个香甜的好觉。

猫之间的捉迷藏

作为狩猎演习的这种"深夜运动会"，在养多只猫的时候会愈演愈烈，最终发展成猫之间的捉迷藏游戏。它们会轮流交换捉与被捉的角色，在游戏中学会如何抓捕逃跑中的猎物。同时，这还可以促进它们的心肺机能，锻炼它们的身体肌肉。

只要运动不足的问题得到解决，半夜吵闹的问题自然会得到解决

"深夜运动会"一方面是出于猫的狩猎本能，另一方面也是它们在想办法排解因为运动不足而积累的压力。这时候最好在睡前用玩具陪猫多玩玩。只要运动不足的问题解决了，晚上猫和猫主人就都能睡上好觉了。

memo

睡前陪猫玩，一方面可以排解猫因为运动不足造成的压力，另一方面一旦形成了习惯，还有助于主人及早发现猫身上可能出现的异常。

频繁地轻咬说明它压力太大

轻咬本来是为了狩猎所做的练习，但发生得过于频繁，就需要注意了

平时就要多注意，不放过猫身上出现的任何征兆

抚摸猫的时候它有时会轻轻咬你。它之所以会这么做有很多原因。其中之一是出于它们狩猎的本能。主人陪猫玩时，有时会唤醒它们狩猎的本能。它们会把主人的手看作是猎物，于是就咬了上去。另外，猫在断奶后还会残留有哺乳时期的习惯，因此会去啃咬主人的手指或布偶玩具等。除此之外，如果主人的抚摸让它感到不舒服，压力积攒到一定程度而产生反击的情况也是有的。平时要多观察它们，如果担心的话，最好去找兽医师咨询下。

出现令人头痛的轻咬行为时的应对办法

无视它才是最好的预防

猫轻咬主人的时候有时会因为经验不足而把握不好力道。因此，平时要采取措施。在猫咬你的时候要毫无反应并彻底无视它。让它认识到咬了之后主人是不会陪它玩的，以此来防止它养成咬人的坏习惯。

如果猫咬人的情况出现得过于频繁，则应带它去宠物医院做检查

家养的猫咬人除了是为了狩猎做练习之外，很多时候是因为积累下来的压力过大造成的。如果出现得过于频繁，不要不分缘由地骂它，而应该好好地去搞清楚原因。另外，也有可能是主人不小心碰到它比较敏感的部位，使它生气了而造成的。

养多只猫的时候，从出生后一个半月起，
兄弟之间的打闹会变得越来越激烈，
它们也会在这个过程中学会咬人的力度。
咬得太用力的话，兄弟们可是会发火的。

「咔咔咔」从喉咙里发出的兴奋的嘶吼

只有猫才能发出的基于狩猎本能的叫声

狩猎本能从叫声中显露出来

你有见到过猫一边看着窗外，一边发出「咔咔咔」的叫声吗？这是猫在面对猎物时才有的反应，是一种出于兴奋的嘶吼。

看到窗外的麻雀或虫子时，捕食的欲望以及因无法出去捕食而产生的焦急感使它们发出「咔咔咔」的叫声。并不是所有的猫都是这样，所以第一次见到的人可能会感到惊讶。但其实这是猫的正常反应，可以不必担心。

只有猫能发出来的谜一般的声音

面对窗外的猎物时，因无法出去捕食而产生的焦急感使它们发出这种兴奋的嘶吼。但即使在猫当中，也只是一部分猫会这样，并不是所有的猫都是这样。而且这种叫声是猫独有的，同属于猫科动物的狮子和老虎就不会发出这样的叫声。

虽然有诸多解释，但我们仍未解开谜底

比如在看到猎物时猫才会有这样的反应，猫会发出这种兴奋的嘶吼的时机我们是清楚的，但却不清楚它们为什么要这么做，以及这么做有什么意义。有一种说法认为，发出这种叫声并不是出于无法去捕获猎物的焦急感，而是在增强狩猎者的士气。

猫在发出这种兴奋的嘶吼时，
主人最好只在旁边静静地看着。
此时它们正处于发现猎物的兴奋状态中，
很可能会开始狩猎演习。

猫呕吐时主人需要确认呕吐物里有什么

从平时起就去确认呕吐物的内容和呕吐发生的次数是很重要的

只是猫的习性吗？还是生病了？

和人比起来，猫出现呕吐的情况相对频繁。尤其是长毛种的猫，需要经常把舔毛时吞进肚子里的毛再吐出来。

在猫呕吐时需要确认一下呕吐物的内容。如果呕吐物只是混合着食物、猫毛和草，那么这属于正常情况。但是，如果发现了蛔虫、血，或是呕吐物散发出类似于药物的气味就要当心了。这很可能是因为猫生病了，或是误食了什么东西。这时候需要把呕吐物的照片拍下，咨询兽医师。

只要发现猫有呕吐，就应该去确认状况

只要符合以下的某一条，就应该带它去宠物医院

1. 呕吐的次数一周超过两次
2. 最近体重有所下降
3. 没有食欲
4. 呕吐物里混有血
5. 呕吐物带有类似于痢疾时的气味

可以给不会呕吐的猫吃些猫草

猫草的叶子刺刺的，会刺激猫的胃，让它把吞进去的毛球吐出来。长毛种的猫自己不会吐毛的话，吞下去的毛会累积在肚子里。平时就要多观察，必要的时候可以喂它吃些猫草。

memo

和长毛种的猫比起来，短毛种的猫掉毛情况要轻很多，需要吐出来的毛也比较少。如果短毛种的猫频繁地吐毛，则很有可能是生病了。

猫待在高处会感到安心

高处是安全的，这一信息已被编入猫的基因中

攻防一体，属于猫的最佳「战略要点」

众所周知，猫喜欢待在高的地方。屋外的话，像房顶、围墙上；屋内的话，像衣柜顶上、桌子上，这些都是猫最常待的地方。这一习惯也是出自猫的野性本能。

还处于野生时期的猫为了防止来自地面上的敌人袭击，同时也更容易发现地上的猎物，生活在树上。对于猫来说，高处是可以保护自身安全的地方。人往往觉得高处是危险的，这一点上猫和我们刚好相反。

和地上比起来，高处的敌人较少

生活在野外的猫几乎是独自狩猎的。这是为了防止来自敌人的袭击，它们选择了待在高处。而都市里的流浪猫喜欢待在高处也是出于自我保护的本能。这样，它们就能躲开在街上散步的狗和周围的小孩子。

很大程度上也是猫之间地位的体现

猫是一种会去确认彼此间地位高下的生物。据说，一只猫能够占据较高的位置，说明它在同类中的地位很高。当出现了一只实力较强的猫时，作为弱的一方往往不得不让出高的位置。

**当为了争夺领地而打架时，
较强的那只猫往往会站在较高的位置威慑对方。
而较弱的那只猫则会俯下身子趴在地上表示投降。**

猫待在狭小的地方也会觉得安心

猫总是在寻找狭小、昏暗，并且刚好能把自己塞进去的地方

从猫祖先起，猫就喜爱狭小的地方

猫很喜欢小纸箱子或家具间的缝隙这些狭小的地方。它们到底是为什么总想把自己塞进一个狭小的地方呢？其原因之一是，一个狭小的场所作为自己的领地更令它们感到安心。猫的祖先非洲野猫总是选择一个狭小、昏暗的地方作为它们睡觉时的窝。猫的这种喜好可能正是继承了它们祖先的习性。另外，还有一种说法认为，狭小的地方往往是老鼠等猎物的藏身之处，猫需要钻进这些地方寻找猎物的习性，使得它们有了这样的喜好。

只要身体刚好能塞下去就够了!

猫总是在不断寻找小到刚好能把自己的身体塞进去的地方。猫的祖先非洲野猫会把树干上的树洞或岩石间的缝隙作为它们睡觉的窝，而且往往也会选择刚好能把自己的身体塞进去的地方。据说这样做的目的一方面是为了防止外敌入侵，另一方面也是希望睡觉时比较容易保暖。

如果是昏暗的地方，就更喜欢了

如果你发现怎么找也找不到你家的猫，它很可能是躲到某个暗处了。你可以在壁橱里放一个小的手提箱，或是在走廊的角落里放一个纸盒子，这样下次猫又不见的时候你就知道该去什么地方找它了。

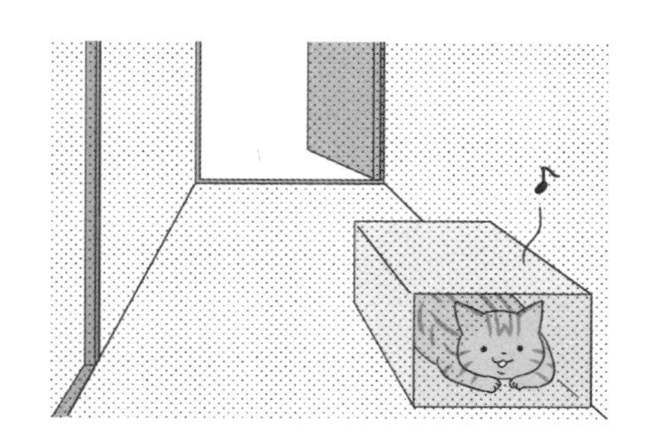

如果猫躲在一个狭小的地方一直不肯出来，那就要多注意了。虽然可能只是因为它太喜欢待在那里了而已，但也有可能是因为它身体不舒服。

窗外是它们向往的世界

猫总是一边看着窗外，一边幻想着那个它们从未见过的世界

因窗外不断变化的景色而着迷

猫特别喜欢待在窗边，看外面的风景。窗外飞过的小鸟、小虫子，路过的小学生，这些景象都会不断地勾起猫的好奇心。

很多在室内饲养的猫从未去过外面的世界。这样的生活虽然安全，不用为食物发愁，但是反过来也很单调，缺乏变化。对于生活在这样环境中的猫来说，窗外的世界就是个充满了刺激的梦幻乐园。所以尽量不要拉上家里的窗帘，让猫可以透过窗户来感受外面的世界。

请把窗帘拉开

猫除了睡觉，多数时间都是独自待着的。因此充满了变化的窗外的世界对它来说是非常有吸引力的。如果是比较轻的窗帘，猫自己就能拉开。但是像百叶窗，猫自己是无法打开的，最好平时就不要拉上窗帘。这样你家的猫也会比较开心。

流浪猫

即使对窗外的世界满是憧憬……

根据日本宠物食品协会的调查，2015 年室内饲养的猫的平均寿命为 16.40 岁，室外饲养的猫平均寿命为 14.22 岁，二者有着明显的差距。至于流浪猫，虽然无法进行准确的统计，但估计其平均寿命还不到家养猫的一半。所以即使你家的猫对外面的世界充满了好奇，为了它能够更久地陪伴在你身边，实行彻底的室内饲养仍然是最重要的。

一定要小心，防止猫从窗户或阳台坠落。
不开窗户，不让猫去阳台才是最妥当的做法。

猫咪传送装置

虽然名字听起来很夸张，但它其实是一个你试过一次，就停不下来的游戏

由爱猫人士开发
让猫咪们争先恐后的新发明

你听说过「猫咪传送装置」吗？其实就是在地板上用胶带或绳子围成的一个圈，然后你只用在旁边等一小会儿，猫就会自己钻到圈里面去了。虽然也有猫毫不在意，直接从上面走过去，但总的来说「传送率」高达八成。猫的领地意识非常强，一旦在它的领地中出现了它没见过的东西，它就会通过嗅气味或触碰来进行确认。在确定是安全的之后，它就会试着钻进去，看看舒不舒服。「猫咪传送装置」正是利用了猫的好奇心和领地意识而发明出来的游戏。

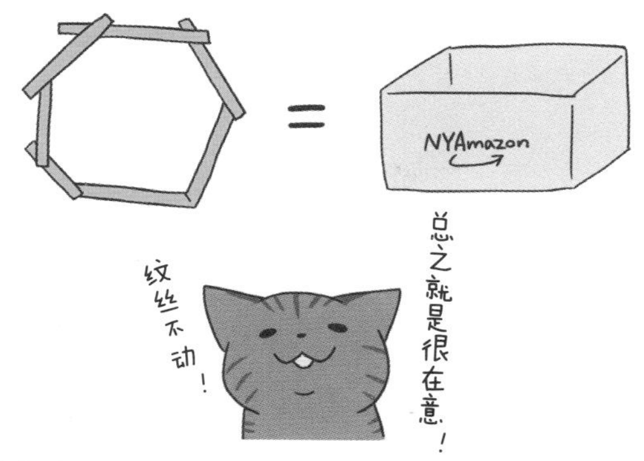

猫是抵抗不了好奇心的

猫是一种好奇心很强的动物，总是喜欢新鲜的东西。因此，家里有了新家具什么的，它们总是会很积极地凑过去。有着这样性格的猫是不可能放任自己领地里突然出现的“传送装置”不理的。在经过一番认真的调查之后也就被成功“传送”了。

越是年幼的猫，越是喜欢尝试

越是年幼，越是好奇心旺盛，越是会主动去检查领地里出现的新东西。反过来，对于老猫来说，想要完成“传送”就比较困难了。就算是年幼的猫，一旦它发现钻进去之后什么都不会发生，很快也就会对其失去兴趣了。

猫的视力比较差，也不太擅长分辨颜色，突然看到出现在领地里的“传送装置”，猫很可能根本不知道它是什么，于是才会想要去查看一番。

因为喜欢这么做，所以才去摔东西

或许对猫来说，与其说是在摔东西，不如说是在跟主人玩

只要觉得有趣，猫一般都会试着去做做看

猫经常会故意把放在桌子上或台面上的东西推下去。这么做最主要的原因是它们觉得很有趣。铅笔掉到地上会打转，玻璃杯掉到地上会摔碎。不同的东西掉落时的样子也各不相同。猫喜欢那些能让它们联想到猎物的东西，因此，它们也很享受东西掉落的过程。

另外还有一种可能是，东西一旦掉到地上，主人就会过来，还会开口说话，猫或许也是在期待主人的这些反应。想要阻止猫摔东西是不太可能的。唯一可行的方案只能是你先把不希望被它摔的东西收好。

第3章 让你和猫的生活更加充实

猫每天究竟都在想些什么啊

怎么突然这么说
还不是因为我们家那只

刚还跟你一起玩得好好的呢
抓
抓

突然就不知道跑哪了
转身

或许猫原本就是很有神秘感的动物吧！

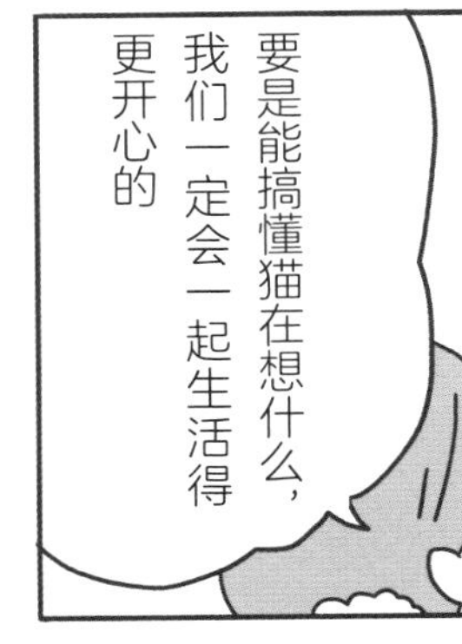
是这么说，没错了
要是能搞懂猫在想什么，我们一定会一起生活得更开心的

犬山经理
经理
辛苦了
辛苦了
猫在想什么是可以搞明白的哟！
SEN MU
原来您喜欢猫吗？
原本以为您是喜欢狗那一派的……
坐你旁边没关系吧
我养猫已经30年了，现在还养着两只呢
好厉害啊！
如果要问怎么才能知道猫的想法的话
其实啊
猫可是在用它的全身跟我们说话呢！

全身？
比如猫耳朵的样子啊，胡须啊，这些都是比较好懂的。应该有见过猫的耳朵耷拉下来吧？
耷拉
真有过呢
通常是有什么事情让它害怕了才会这样的
害怕……
记得我们家虎仔在打雷的时候耳朵就会耷拉下来……
另外，尾巴也是猫表达想法的重要部位
开心
愤怒、幸福
观察周围
哦！

知道它的想法，交流起来也会比较容易
说起来我们家的猫，每次我想摸它的肉垫，它都会逃走……
猫是不喜欢自己的肉垫被别人碰的
所以要一点点来，先摸摸它的爪子，让它慢慢习惯
TOUCH!
一旦它习惯了，肉垫就可以随便摸了
只是不要摸得太凶就好
太好了!!
想早点回去见我家的猫了
下午工作多努力些，准点下班回家吧!
工作的动力又提高了呢!

通过眼睛、耳朵、胡须读懂猫的想法

不要看漏了猫发出的肢体语言

通过猫最萌的地方了解它的想法

灵动的大眼睛（瞳孔）是猫特有的萌点。同时它还可以向我们传达丰富的感情。

猫的耳朵通常是向前张开的，但因为不安或恐惧而心神不宁的时候，它们的耳朵会从两侧向后耷拉下去。

猫的胡须有着感知方向、察觉气流的重要功能。靠着瞳孔的大小，耳朵和胡须所指的方向，我们可以了解很多猫的想法。

猫眼睛能像嘴一样跟我们说话

一般来说，猫瞳孔的大小会根据周围光线的强弱进行调整，但我们也能通过它来读懂猫的想法。同样的瞳孔状态在不同的情况下可能表达两种完全相反的情绪，所以要注意观察。

感兴趣、兴奋
也可能是恐惧、不安

放松

警戒、厌恶感
也可能是放松

猫耳朵是最容易读懂猫情绪的地方

将猫的情绪最直接反映出来的部位是猫的耳朵。除了看耳朵是竖起来的，还是耷拉下去的外，还可以通过耳朵的朝向判断猫的情绪。耳朵耷拉下去的时候尤其需要引起注意。

好奇心十足

警戒、紧张

恐惧

猫的胡须并不是在随风摆动

胡须的指向中也隐藏着猫情绪的秘密。有活力的时候胡须会伸直张开，而身体不舒服或情绪低落的时候，胡须往往会软软地垂下来。虽然这只是一个很小的信号，但也不要漏掉。

情绪低落

放松

恐惧

通过叫声读懂猫的想法

细分的话，猫的叫声有 20 种之多。作为猫主人要有意识地去分辨

要综合整体情况进行判断，才能了解猫的想法

据说猫大约有 20 种不同的叫声。猫之间通过叫声来交流的情况在发情期和打架的时候表现得尤为明显。家养的猫也会通过各种叫声来和主人表达它们的想法。

猫叫的方式在个体之间的差异比较大。有的猫会频繁地对你叫唤，或总是像自言自语一般地不停叫着。也有的猫一年也难听到它叫那么一两次。所以想要了解猫在想什么，不能全凭猫叫声，而应该综合它的肢体动作和周围状况进行判断。

有要求时

家养的猫最常发出的叫声。通常是要求主人给它食物或陪它玩。

放松时

一出生就会立刻发出的叫声。也有可能是在告诉你它身体不舒服。

回应你或跟你打招呼时

在主人或其他认识的人跟它说话时作为回应发出的叫声。

试图赶走或威慑敌人时

在猫把家里来的客人看作是外敌时发出的含有威胁、警告意味的叫声。

感到疼痛时

在尾巴被踩或感到强烈疼痛时发出的叫声。这时应该检查下它有没有受伤。

吃得很开心的时候

吃东西吃得太开心了无意间发出的声音。

开心与兴奋时

在看到窗外的鸟或虫子时，兴奋地想要去抓捕它们时发出的叫声。

发情时求偶的叫声

发情时雌性呼唤雄性的叫声，同时也是雄性回应雌性呼唤时的叫声。

稍微感到安心时

从紧张的状态中放松下来时无意中发出的声音。具体叫声存在个体差异。

通过姿势读懂猫的想法

通过了解猫平时常有的姿势，尽早察觉它身上的异常

猜猜我在想什么？

……是在想"快想办法帮帮我"吗……？

回答正确，喵

快想办法帮帮我吧

可以通过猫的姿势看出它的喜怒哀乐

家养的猫一天大多数的时间都是坐着或是躺着度过的。将前脚盘起来俗称「农民揣」的坐姿是最常见的。另外，也有的猫会像布偶娃娃一样将后脚伸到身体前坐着。和流浪猫不同，家养的猫因为生活中不存在什么危险，所以毫无警惕性可言的自由奔放的睡姿也很常见，令人忍俊不禁。

童谣《雪》里就有唱：「猫在暖炉边蜷缩成了一团」，猫在不同环境里的姿势也是不同的。另外，有些姿势是它感到害怕或警戒的表现，需要适当地处理。

尽量让自己显得魁梧以威慑敌人

遭遇威胁时，猫会把全身的毛都竖起来，让自己显得更加魁梧，以起到威慑敌人的作用。但猫本身并非好战的动物，一旦感到威胁消失，它们就会恢复到平时的样子。当猫摆出警告姿态时，如果强行去安抚反而可能遭到它的攻击。所以最好的办法是等它自己冷静下来。

害怕时会把身体缩起来

这是家里突然有客人来访时，或是听到什么令它们害怕的声音时，猫常常摆出的姿态。它们会将身体放低，尾巴蜷缩到两条后脚之间，让整个身体显得尽量小，以此来告诉对方自己没有敌意。猫很容易出现不安的情绪，请用灵活的方式看护它们。

放松的时候它们会蜷成一团

以“农民揣”为代表，猫在放松的时候总喜欢把自己蜷成一团。只是此时它们仍然是四脚着地的，遇到危险时可以随时逃走。如果它们四脚朝天地躺在地上打滚，则说明它们真的是完全处于放松状态中。这时候只要放任它好好休息就好了。

通过尾巴读懂猫的想法

既是平衡装置，也是标记气味的工具，同时还是交流的工具……

灵活多变的动作来自精密的肌肉与骨骼结构

猫科动物都会用尾巴表达自己的想法。猫的尾巴是由被称为尾椎的 18~19 块相连的短骨组成的，并且还有 12 条不同的肌肉环绕在尾椎骨周围。正是靠着这样复杂的结构，它才能做出各种灵巧的动作。可以自由活动的尾巴既可以用来帮助猫保持身体平衡，也是它表达各种情绪的工具。另外，猫的尾巴根部还长有皮脂腺，因此它还有留下气味、标记领地的功能。

狗也会用尾巴表达感情，但是猫和狗这两种动物用尾巴表达感情的方式却并不相同。

伺机而动	友好	开心	挑衅
猫在观察周围状况时，尾巴会处于稍高于水平线的位置。	尾巴笔直地竖起是猫表示友好的方式。	尾巴左右抖动表示猫很开心。	将尾巴立起来并左右晃动是轻视对方的表现。
防御	**临战**	**发怒**	**不安**
和临战时一样是放下来的，只是此时尾巴是用力绷紧的。	将尾巴放下来是猫临战时的姿态。	此时猫尾巴上的毛会竖起来，将尾巴撑大。	不安的时候尾巴是笔直竖起来的，只是前端的部分是弯曲的。
恐惧、屈服	**感兴趣、警戒**	**焦躁**	**放松**
感到恐惧时，尾巴会蜷缩到身体下，让自己看起来更小。	尾巴前端抖动表示猫在保持警戒的同时也很感兴趣。	将尾巴放下并左右摆动表示猫因为什么事情觉得不舒服。	尾巴处于与地面水平的位置说明猫处于放松状态中。

通过行走时的姿态读懂猫的想法

猫开心的时候也有特定的走路姿势

猫一般是踮脚行走的，如果不是，则需要注意了

猫通常是一边仰着头，一边用脚尖着地行走的。只用趾骨着地的行走方式称为「趾行」，这在猫科和犬科动物中非常常见。简单来说，其实就是踮着脚走路。在野生状态下，这种行走方式使它们在接近猎物时不容易被发现，并且方便它们快速展开冲刺或及时转身。

一只健康的猫行走时会按照一定的节奏统一步幅，给人一种轻盈且富有弹跳性的感觉。如果发现猫脚后跟着地行走，或是拖走脚步行走，则很可能是它生病或受伤了。应该立刻带它去宠物医院做检查。

猫感到不舒服时的行走姿态

脑袋和尾巴都耷拉着，走路也慢吞吞的。这说明猫身体不舒服，或是因为积累了太多压力而感到沮丧。这时要多加注意。

开心时的行走姿态

脑袋和尾巴都向上仰着，有节奏感地踩着步子行走，说明它现在很开心。此时它的表情看上去仿佛都是开心的。

脚后跟着地行走

明明并没有处于警戒中却一直低着头，并且行走时脚后跟着地，这是猫生病的信号。这时应该带它去宠物医院做检查。

警戒时的行走姿态

将身体放低并缓慢地行走是猫处于警戒状态的标志。之所以将上半身放低是为了可以随时扑向猎物。

可以唤起狩猎本能的玩耍方式

多陪猫玩玩，来解决它运动不足的问题吧

猫很容易感到腻，因此要多陪它玩

生来就是狩猎者的猫是通过玩耍学会狩猎技巧的。在陪猫玩耍的过程中，可以用玩具模拟作为猎物的小动物们的动作，以此来刺激猫的狩猎本能，那么它一定会玩得更尽兴的。一般来说猫总是玩一下就腻了，所以一次玩得时间短一些也可以。但相应地就要增加陪它玩的次数。玩耍可以解决猫运动不足的问题，并帮助它排解压力。只是在猫不愿意的时候，不要勉强它。请尊重猫自己对玩耍的喜好。

在幼猫时期要尽可能多陪它玩

玩耍的方式在猫不同的年龄阶段也会发生变化。对于成年前的幼猫，玩耍显得尤为重要，它可以促进小猫身体和心理的成长。此时通过使用逗猫棒等有意识地在玩耍中增加一些需要它上下跳跃的运动，可以更好地提高玩耍时运动的效率。

玩耍时要防止猫的误食

在陪猫玩耍时，那些小件的玩具或柔软容易被撕碎的东西，很容易被猫不小心吞到肚子里去。所以这些东西在玩耍结束的时候一定要立刻收拾好。严禁乱放。另外，主人最好也不要一边干其他事，一边陪猫玩。

一直玩同样的玩具，猫一下就玩腻了。
这次用了逗猫棒，下次就用手电筒……
玩耍的过程能尽量多有些变化会更好。

可以「秒杀」猫的抚摸方式

抚摸也是了解猫身体状况的重要手段，所以有必要掌握正确的知识

要找对抚摸的地方，同时也不要死缠着它摸

很多猫都非常喜欢让主人轻轻地抚摸它们。抚摸自家的猫对猫主人来说也是个非常享受的过程。另外，如果猫生病了，这么做还可以帮助主人尽早发现问题。所以这是一种非常重要的主人与猫之间的互动方式。

猫喜欢被人抚摸的地方通常是那些它们自己舔毛的时候舌头够不着的地方。反过来，多数猫都不喜欢别人摸它们的脚和尾巴。虽说如此，但每只猫的喜好是不同的。在抚摸猫的时候，主人应该多观察，看它是不是觉得舒服。

…YES
…NO

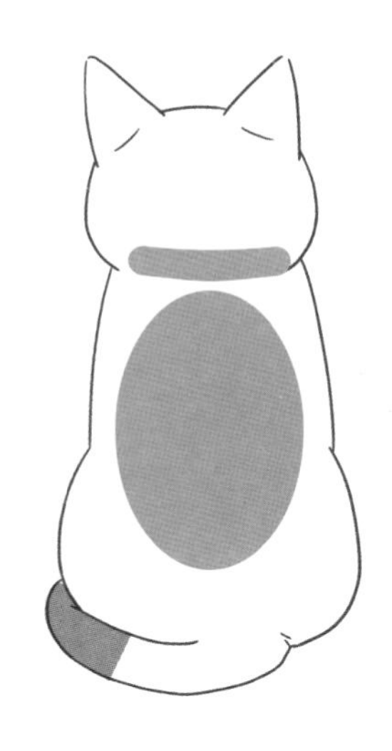

多数猫都比较喜欢主人抚摸它们的脸、头部周围和后背。而腹部属于要害部位，一般猫都不太喜欢别人抚摸。脸和下颌是猫分泌腺最集中的地方，所以往往也是它们最希望别人摸的地方。

注意点

抚摸猫的时候不要发出太大的声音，动作要轻缓。比起掌心，用指腹它们可能会觉得更舒服。靠着每天抚摸猫，可以帮助你察觉猫身上可能出现的各种细微的变化。

NO

抚摸猫时常常容易犯的错误就是死缠着它们抚摸。当猫的尾巴开始左右摆动时，就是在告诉你可以停下了。最好在它觉得不开心之前收手。另外，猫在舔毛或进食时，也不是抚摸它的好时机。

正确的抱猫方式

为了猫以后不讨厌被人抱，开始的时候是最关键的

照料猫的时候必然会抱它，让我们学会正确的抱猫方式吧

总的来说，猫是不喜欢被人抱的。但会很坚决地拒绝人抱的猫其实也很少。而且这一点不仅是猫，几乎所有动物都是这样。因为一旦被抱起来，它们的身体会被束缚住，会陷入一种无法活动的状态中。即使是被心爱的主人抱着，大概也维持不到一分钟。比如给猫剪指甲的时候，有时必须把它抱起来，这时一定要想办法支撑住它的下半身，并让彼此的身体贴在一起。这是基本的诀窍。用力拉扯它身体的某个部分，或者是突然用力抱紧它都是不可以的。

猫喜欢的抱的方式

❶ 抱它之前要先跟它打声招呼

即使是猫主动接近你的，用抱起它的方式来迎接它也是不可以的。这么做只会让它吓一跳。在要抱它之前一定要先告诉它，让猫知道这就是接下来就要被抱起来的信号，并逐渐形成习惯。

❷ 要温柔地抱起它

在告诉猫要抱它之后，如果没有发现猫有不情愿的样子，就可以慢慢把它抱起来了。抱的时候双手要握着它的两肋，动作要轻。抱起来之后要立刻用一只手扶住它的下半身。

❸ 抱的时候要用你的身体包裹它

如果抱的时候主人和猫之间留有空隙，会让猫觉得不安，感到害怕。这时要用你的身体把它包裹住，这样它就可以放心了。只是不要猛地用力抱紧，这会让它感到压力。

在猫习惯被人抱之前最好先在坐着的时候尝试抱它。如果主人站着，猫一旦挣扎起来，可能会摔落到地上。

猫其实并不喜欢被摸肉垫

脚掌是很敏感的部位，最好弄清楚猫的状态后再去摸

给你的肉垫做个按摩吧？
其实只是你自己想摸吧
可以的，你摸吧，喵

虽然主人摸得很开心，但是其实会给猫带来压力……

脚上的肉垫，是猫所有萌点中排第一位的。甚至有专门的猫肉垫的摄影集。

肉垫是猫身上唯一长有汗腺的地方。它有着很多重要的功能，除了可以通过排汗来调节体温之外，还可以减缓冲击力，使猫走路时可以不发出声音，同时还可以防止脚底打滑。正因为如此，它也是猫身上非常敏感的部位之一。虽然说如果从幼猫时期开始就训练它，逐渐让它习惯的话，猫也会乖乖地伸出爪子，让你摸它的肉垫。但是，猫在内心里，很可能并不喜欢你这么做。

为了让细小的腿可以支撑起整个身体的重量而进化出的软垫

猫可以从高于身体数倍的高度以飒爽之姿落到地面，正是靠着它脚上肉垫的支撑。为了让它在落地时不被猎物察觉，肉垫还有着消音的功能。虽然肉垫抗冲击的能力很强，但是由于上面并未长有毛发，所以其实是猫很敏感的部位，不可以随意乱摸。

在给它按摩的同时也可以检查它的健康状况

即使猫同意你摸它的肉垫，其实也不是心甘情愿的。好不容易能有这样亲近它的机会，在给肉垫做按摩的同时，也可以乘机对“指甲是不是长得太长了”等进行例行检查。

长在肉垫上的毛一般是不需要修剪的。但年龄大的长毛种的猫可能会因此走路打滑。这时可以考虑用宠物专用剪毛器给它修剪。如果自己剪觉得没有把握的话，也可以带它去宠物美容院或宠物医院。

猫对着客人发火的话，要冷静地处理

要考虑到可能给猫和客人双方带来的压力

有客人来时猫的反应十只猫十个样

在有着很强的领地意识的猫看来，家里来的客人就是突然闯入它领地的敌人。有的猫为了不示弱，会用行动威胁客人。也有的猫一听到门铃响就会赶快找地方躲起来。反过来，也有会很殷勤地跑来和客人打招呼的猫。还有的猫会像防着客人在家里搞破坏一样，一直在旁边监视着客人的一举一动。

无论是以上哪种情况，猫都是没有恶意的，所以请不要因此责骂它。从一开始就想办法避免猫和客人碰面才是聪明的办法。

为了和平，这么做是必要的

一般来说，猫不属于好战的动物。对于入侵自己领地的敌人可以在不发生争斗的情况下把它赶走是最理想的。它们会发出“咔！”的警告的叫声来牵制敌人或试图将敌人赶出自己的领地。这种情况不仅限于家里来的客人，猫与猫之间也是一样的。

事先为猫准备好一个可以躲藏的地方

如果猫本身对客人有警戒心，你还强迫它和客人见面，这对猫来说会有很大的心理压力。为猫事先准备好一个可以藏身的地方，这样它才可以比较安心地度过家里有客人的这段时间。另外，为了防止猫在客人带来的东西上留下自己的气味，应该把它们放在猫找不到的地方，这一点也千万别忘了。

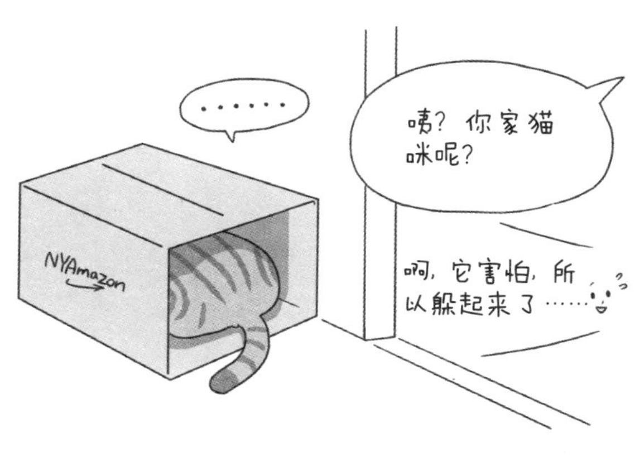

memo

由于有客人在，猫有时甚至不敢去上厕所，
于是就出现随地大小便的情况。
所以客人来的时候别忘了调整猫厕所的位置。

传家秘宝——木天蓼

用于解决猫压力过大和食欲不振等问题的秘密武器

只要用量适当，猫一定会开心的！

猫喜欢木天蓼的味道，这是从很久以前就广为人知的事实。现在市面上也可以买到将木天蓼的果实干燥后制成的各种产品。很多猫在闻到木天蓼的气味之后，会进入一种类似于人醉酒后的恍惚状态。据说这是因为木天蓼中含有的木天蓼内酯和猕猴桃碱等成分会刺激猫的大脑而造成的。

猫薄荷等薄荷类香草也是猫特别喜欢的。无论是以上哪种，都不同于一般说的毒品，不会形成依赖性，因此可以放心给猫使用。

不只是猫，老虎和狮子也喜欢

闻到木天蓼的气味会兴奋进入醉态的不只有家养的猫。老虎、狮子等大型猫科动物身上也有同样的反应。但类似的反应在人和狗的身上却见不到，其原因现在还是未解之谜。

一次给的量一定要严格控制

虽然不会形成依赖性，并且产生的效力的持续时间也很短，但一定不要一次给猫吃太多。之前有过猫因为一次性摄入过多，使它过度兴奋而出现呼吸困难的情况。以挖耳勺一勺的量为基准，根据猫的状态给比较好。

memo

市面上也可以买到未经加工的木天蓼果实，但可能会被猫整个吞下去，从而引发危险，所以建议不要这么做。

本喵觉得好开心！哪些事会令猫开心

去发现属于自家猫独有的快乐

讨猫开心的办法要靠主人的爱去发现

要学会如何让你家的猫开心，首先必须要了解猫的习性。可以说「做令猫开心的事」基本等同于「不做令猫讨厌的事」。想要了解猫的这些习性，平时多和它交流是必不可少的。

它喜欢什么样的玩具，抚摸它的哪个部位会让它感到放松，这些都要靠主人平时多观察。不同猫的喜好也千差万别。只要不断去尝试，很快你就会对你家猫的喜好了如指掌了。

猫喜欢的事情一览表

● 玩玩具

用它喜欢的玩具陪它玩。或者只是一个鼓起来的塑料袋、一小段丝带，不用太在意玩的是什么，只要能引起它的兴趣就可以了。

● 追逐游戏

猫看到眼前突然加速的东西就会忍不住上去追。快速地追逐，又立刻转身逃走。这样的节奏是最能让猫玩得尽兴的。

● 捉迷藏

猫一边躲在什么东西背后，一边偷偷地盯着你看，这是在邀请你："快来找我吧。"主人也可试着躲在窗帘背后，小声地叫猫的名字，让它来找你。

● 按摩

很多猫喜欢主人从它的肩部起顺着背往下摸，给它做按摩。一开始的时候力道可以轻点，观察它的样子，找到它觉得按得最舒服的地方。

● 梳毛

有的猫甚至会主动躺到毛刷边上让你给它梳毛。如果猫表现得不情愿，可以换一个毛刷试试。

● 拥抱和抚摸

虽然是否喜欢要看猫的性格来定，但喜欢趴在主人膝盖上或躺在主人怀里的猫还是很多的。下颌、耳朵根部以及眼睛和鼻子周围，是猫最喜欢主人帮他们抓的地方。

本喵觉得好糟心！哪些事会惹猫讨厌

正是出于对它的爱，才更应该跟它保持一定的距离

不可以把你的爱强加给它

那些喜欢猫的人当中，有不少人会遭到猫的讨厌。这究竟是为什么呢？其实理由很简单，那就是他们过度地干预了猫的生活。猫基本上是一种喜欢单独行动的动物。它们热爱自由，比较随性，并且重视隐私。即使你再怎么觉得它可爱，但把人类的爱强加给它的做法，对猫来说也是很令它生厌的。

虽然和你一起生活的猫对你来说是重要的「家人」，但它毕竟不是人。你还是应该尊重它作为猫的本性。

猫讨厌的事情一览表

● 盯着它看

在猫的世界里死死地盯着对方的眼睛看就是在宣战，简直就是在“故意找茬”。在眼神相交的时候慢慢地眨眼睛，才是爱的表现。

● 追着它跑

无论猫走到哪里，你都跟着它屁股后面跑，这是惹猫讨厌的最基本的原因。除了猫主动邀你过去的以外，猫在房间里移动的时候都应该采取无视的态度。

● 暴露它藏身的地方

除非猫在藏起来的同时还盯着你看，或故意伸出一只脚来动一动给你看到，否则它就是真的想藏起来。这时候就算看到了也应该装作没看见。

● 硬要摸它

即使是喜欢被人摸、被人抱的猫也还是要看心情的。至于本身就不喜欢这样的猫就更是不必说了。特别是尾巴和肉垫，强行去摸是很容易被讨厌的。

● 发出大的声音

猫不喜欢太大的声音。有的猫听到人唱歌就会生气，还有的猫讨厌喷嚏声和咳嗽声。

● 突然做出很大的动作

即使是它心爱的主人，突然做出很大的动作，猫是会被吓到的。接近猫的时候动作最好尽量保持轻缓。

极其幸福的梳毛时间

既可以预防疾病，也可以尽早发现疾病

梳毛的时候要像母猫给小猫舔毛一样温柔，也是猫和主人亲近的好时机

定期梳毛是照顾猫的基本技能。这样做既可以把掉的毛和脏东西弄干净，预防疾病，还有按摩的效果，可以帮助血液循环，促进猫的健康。另外，梳毛还是猫和主人亲近的好时机。长毛种的猫要每天梳，短毛种的猫至少也应该每周梳一次毛。梳毛时，要像母猫用舌头给小猫舔毛一样，顺着毛生长的方向轻轻地梳。这时你可以接触到猫的身体，可以在早期发现猫的皮肤病，以便及时对猫进行治疗。

光靠着猫自己舔毛是不够的

猫会经常自己舔毛，但是光靠这样是无法把它们身上掉下来的毛都除去的。一方面，有些地方它们自己本身就舔不到。另一方面，长毛种的猫在春秋换毛的季节里，掉毛的量其实很惊人，只靠它们自己舔的话，毛可能会堆积在胃里。

根据毛的长度选择不同的毛刷

不同长度的猫毛有各自适合的不一样的毛刷。长毛种的猫可以用梳子或是齿比较长的刷毛器。短毛种的猫喜欢橡胶刷的比较多。如果猫对梳毛表现得比较抵触，可以换个梳毛工具试试。

勤梳毛可以使猫健康

有的猫可以很顺利地把吞到肚子里的毛球吐出来，有的猫却做不到。胃里积了太多毛的话，猫会觉得不舒服。所以如果猫不吐毛，或是吐出来的毛量不够，就更应该注意多给它梳毛了。

如果猫非常抗拒梳毛，
那么你强行这么做会使它感到压力。
所以不要勉强，一点一点地让它习惯。

长毛种的猫一个月要洗一次澡

基本上猫可以自己把自己收拾干净

快速洗完、快速擦干，主人和猫都靠着逐渐习惯来解决洗澡的问题

总的来说猫是不需要洗澡的。但是长毛种的猫身上有一些它们自己舔不到的地方，所以需要一个月洗一次澡。

猫的祖先非洲野猫是生活在沙漠地区的。因此多数猫很讨厌身体被淋湿。为了能顺利地给它洗澡，有必要从幼猫时期起逐步让它习惯。另外，人和猫体表的pH不同，因此给猫洗澡的时候需要用专门的沐浴露。

给猫洗澡时需要注意的地方

❶ 门窗要关好

还不习惯洗澡的猫很可能会惊慌失措，大吵大闹。为了防止它碰巧把门窗打开逃出去，最好提前给门窗上锁。

❷ 适当的水温会让它更舒服

猫平时的体温就比人高。在主人觉得刚好合适的温度基础上再稍稍加热一点，应该就是对猫来说最舒适的温度了。

❸ 要使用猫专用的沐浴露

猫的皮肤很敏感，并且体表的 pH 和人也不同。主人用的沐浴露会给猫的身体带来负担，应该使用猫专用的沐浴露。

❹ 猫本身的状态

在给猫洗澡前需要确认的事情包括猫的身体状况好不好，有没有发热，猫和主人是不是都修剪好指甲了。

淋湿了才发现它是“虚胖”

长毛种的猫平时看上去会比它们实际上大不少。淋湿了以后的大小才是你心爱的猫真实的身体大小。

短毛种的猫靠着平时自己舔毛和主人替它梳毛就可以维持清洁了。如果不是明显看上去脏了的话，没必要强行给它洗澡。

每日给猫刷牙，才能让它健康长寿

可能这个世界上没有喜欢刷牙的猫……但是这么做很重要

最少也得3天一次，虽然辛苦，但是必须得做

猫的牙齿分磨牙、尖牙、切牙3类，共30颗，换牙后会一直陪伴它们终身。虽然猫不长虫牙，却容易患牙周病。野生的猫可以通过啃食大块的肉或坚硬的骨头自然地起到刷牙的效果。但家养的猫的食物主要是猫粮，不刷牙的话很容易滋生牙垢。

尤其是对于老猫来说，刷牙显得更为重要。一开始就用牙刷给它们刷牙可能很困难，可以先试着用打湿的纱布去清洗它们的牙齿。也可以买到专门给猫刷牙用的湿巾。

给猫刷牙时不要勉强，要轻轻地，温柔地

刷牙是尤其会让猫感到压力的一项，但还是希望它能一点点地习惯。牙刷最好用猫专用的，也可以用给人类婴儿使用的牙刷来替代。猫不会自己漱口，因此，牙膏要使用即使被它吞到肚子里也没有害处的猫专用的牙膏。

尖牙和磨牙尤其需要刷仔细

给猫刷牙的时候要从背后把它抱住，再稍稍抬起它的下巴，把它的嘴打开。刷的时候从尖牙开始一点一点向里推进。最容易残留污垢的是上磨牙。要压制住它，好好地清洁。另外，很威风的尖牙也要记得刷干净。

为了不被惊慌失措的猫咬到，
在给猫刷牙时一定要全神贯注。
先摸摸它的脸，让它放松了以后再开始。

给猫剪指甲的诀窍是不要勉强，手要快

即使猫自己磨过了指甲，还是会很快长出来。需要定期检查

要找准时机，不要太勉强，要一点点来

尖锐的爪子会抓伤主人，还会弄坏家具，令人头疼。但是很多猫都讨厌剪指甲，在你要给它剪的时候会大吵大闹，并且尽力逃走。

如何解决这个难题呢？这就要靠你盯准它晒着太阳打盹时的空当，趁它不注意，赶紧下手，速战速决。在它不愿意的时候不要勉强，等下次再来。剪的时候也要当心，不要弄伤指甲里的血管。总之要耐心地来面对这个问题。

指甲长太长了会带来很多麻烦

指甲长得太长会抓伤主人，还会弄坏家具和窗帘。而且经常容易在各种地方被勾住，对猫自己也会造成困扰。猫上了年纪以后，长得过长的指甲一旦扎到肉垫里，甚至会让它自己受伤。

不要剪太深

将猫的爪子放到灯光下，可以很明显地看到里面有一条细细的红色血管，弄伤的话就会出血。而且血管上还分布着神经，因此猫是可以感到疼痛的。剪的时候不要靠血管太近，应该留出足够的距离，只剪指甲前端的部分。

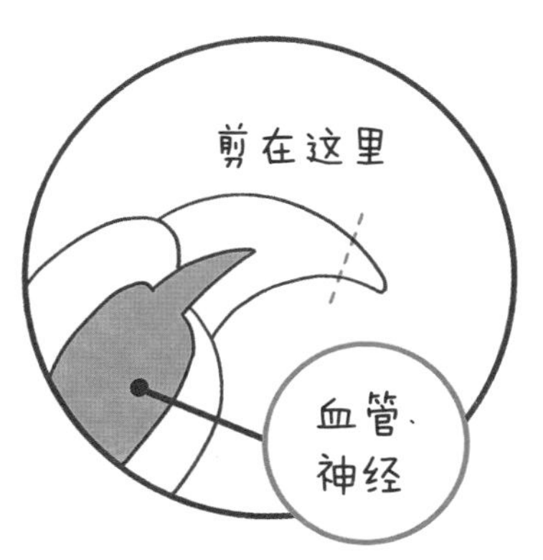

memo

**如果剪指甲的时候很紧张，
这种情绪也会被猫察觉。不用一次全剪完。
开始的时候要显得若无其事，剪的时候动作要快。**

轻轻地给它按摩可以起到放松的效果

一边按摩，一边观察猫的样子，看看按哪个地方它最舒服

这是最适合和猫亲近的活动，猫和主人都会感到很幸福

喜欢主人的抚摸和梳毛的猫往往也很喜欢被主人按摩。猫经常活动的颈部周围区域和它的背部是很容易出现肌肉僵硬、酸痛的情况的。轻轻地给它按摩一下，帮它放松吧。

给猫按摩并没什么固定的步骤。按哪个地方会舒服，力道多少才合适，每只猫也都各不相同。如果看到猫很享受地闭上了眼睛，就说明你按对地方了。这样，过不了多久猫就会主动跑来要你给它按摩了。

第4章

如何照料好你的猫

什么!?
爷爷生病了!?
要现在立刻动身回老家可能有点困难……
虎仔的
食物
水
厕所
发呆……
老家那边得坐飞机回去至少要住3个晚上……把虎仔自己留家里可以吗?
ふあ
嗯……
留猫独自在家最多不能超过两天一夜
这可怎么办好啊
宠物旅馆……
四天后
虎仔!觉得寂寞了吧
爷爷的病也已经好了
扑

虽然这一次算是顺利解决了
揉
揉
虎仔以后也会长大，也会变老……
已经是大猫了！
饭还没弄好吗？
可能还会生病
而且
?
我也未必会一直單身！
理想的丈夫
孩子们
梦想中的家庭

- 检查呼吸的次数
- 检查心跳的次数
- 检查食欲
- 排泄物
  ……

如何选择宠物医院
就是这家了！！！
各个品种容易得的疾病
波斯猫：眼病
阿比西尼亚猫：肝病
苏格兰折耳猫：软骨骨质化发育异常
要搞清楚的事情有好多……
倒下
呜喵
呜喵
……
呼！呼！
一定要一直健健康康地陪着我呀，虎仔！
吧唧
吧唧

留猫独自在家最多不能超过两天一夜

将安全摆在第一位，出门前要为猫做好准备

一点也不觉得寂寞……

幼猫和老猫尤其需要注意，实在担心的话可以中途赶回来

猫原本就是喜欢独自生活的动物，所以让它自己留在家里也没太大关系。虽说如此，但考虑到食物和水可能会变质，还可能发生意料之外的事故，猫也有可能会生病，因此，留猫独自在家最久不要超过两天一夜。另外，在确保它有一个安全、舒适、卫生的环境之后再出门是基本的前提。尤其是对于活泼好动的幼猫，不准备好的话，可能会出现很严重的事故。如必须离家超过两晚的话，可以将猫寄养到宠物旅馆，或是雇用宠物保姆，最好可以拜托一个可信任的朋友抽空过来看看。

寄养在宠物旅馆或宠物医院

若打算寄养在宠物旅馆，自己最好先去和那里的工作人员交谈一下，了解一下旅馆的设施等状况。如果常去的宠物医院能帮忙寄养，那么就更让人放心了。有些猫在它不习惯的地方生活，或是在周围有其他动物的环境下生活，会感到很大的压力，所以选择寄养地点时需要慎重。

拜托给家人或其他熟人

如果是可以信任的人，拜托他帮忙照顾一下也是可以的。既可以请对方来你家，也可以把猫带到对方家。如果可能，尽量让对方来你家，这样给猫造成的不安会减小到最低。也可以事先让对方和你家的猫见个面，认识一下。

雇用宠物保姆

雇用宠物保姆是一个对猫来说负担比较小的方案。一般来说，让宠物保姆来你家帮你照顾猫，比寄养在宠物旅馆更让人放心。作为专业人士，请他来照顾猫是可以放心的，但事先还是务必请对方到家里跟猫见个面。

出远门的时候要在家里的多处地方准备好干猫粮和水。量可以稍多一些。猫厕所也尽可能准备多个。

笼子与其大，不如高

让猫在里面可以上下攀爬，它会比较开心

主人需要短时间离家或猫太调皮的话，可以把它关到笼子里

小猫过于调皮捣蛋，或是在有人频繁出入的时候，需要暂时给猫一个可以待的地方，这下猫笼就可以派上用场了。猫笼的材质要选择猫爪子不容易被勾住的钢制或塑料制的。笼子要尽可能大，尽可能高。猫喜欢上下攀爬，所以建议你选择分上下多层，并且层与层之间有踏板的类型。

如果猫主动愿意进到笼子里倒是没什么，但长时间把它关在笼子里不管的话，会给它带来压力，影响它的健康。

笼子的优点

在无法一直看着你家猫的时候，为了防止它搞破坏，也为了防止事故的发生，使用笼子不失为一个办法。也有主人怕猫半夜吵闹，或一大清早就扰人美梦，会在睡觉时把猫关到笼子里。善用猫笼可以给猫带来安全，给主人带来安心。

使用猫笼的注意事项

如果猫在笼子里显得不安分，可以试着在笼子上罩一块布。笼子里可以放些它喜欢的布料，但不可以放可能会被它误食的小东西。笼子里要准备好水和猫厕所这自是不必说，时间比较长的话也需要放些猫粮。只是明明主人在家，还把它一直关笼子里的话，猫就太可怜了。

适合放置猫笼的地方

猫笼应避开阳光直射处、空调出风口、光线刺眼的地方，以及人的活动路线周围。应放在房间角落等可以让猫感到安心的地方。地点越是隐秘，猫越是会觉得安稳。

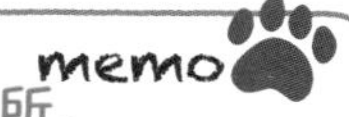

猫笼里放的水和猫粮要尽可能远离猫厕所。
除非是关系特别好的两只猫，
否则每只猫要准备一个单独的笼子。

养多只猫时，性格合不合是关键

如果养了几只彼此关系好的猫，会经常看到很有爱的画面

性格和时机都会有影响，关键是不要急躁，要显得不经意

虽然猫原本是喜欢单独行动的动物，但是，如果性格合适，一次养多只猫也是有可能的。一般来说，最适合一起养的是母猫和它的孩子，或兄弟姐妹，或两只幼猫。相反，领地意识比较强的两只公猫，或一只温驯的老猫加一只调皮的小猫，这样的组合就很难好好待在一起了。

家里新养一只猫的时候，很容易会对新来的那只猫投注更多的关注。但这样做其实是不对的。这时候应该优先关注先养的那只猫。并且，尊重每只猫的隐私也是很重要的。

要多关注先养的那只猫

对于先养的那只猫来说，新来的猫是侵入它领地的入侵者。因此，喂食也好，玩也好，哪只猫先拥有在这片领地生活的权利就优先关注哪只猫，这一点是很重要的。时不时地，要在新来的猫不在的时候，多和先养的那只猫亲近才是正确的做法。

第一次让两只猫见面时，需要很谨慎

猫之间往往会相互保持警戒。有时候不要先急着让它们见面，而是先试着让它们习惯彼此的味道和气息会更好。可以在新来的猫的笼子上罩上一块布，先就这样放在房间的角落里，或暂时先养在其他房间里，这都是不错的办法。

如果两只猫性格不合

即使两只猫见面的时候会相互威吓，关系怎么都好不起来，但只要其中一方不主动攻击另一方，或是没有发生激烈的争斗，就没太大问题。可以在各自无视对方的状况下生活在一起也是可以的。这时可以想办法在房间里分隔出它们各自的领地。

考虑到可能出现两只猫怎么都处不好的情况，在打算开始新养一只猫之前，如果能先确认一下它和之前养的那只猫性格是不是合适，则是最理想的。

宠物外出便携包要选择开口在上方的

为了需要用到它的时候做准备，猫和主人最好都能提前适应它

便携包要舒适，尽量减小猫的压力

在去宠物医院，或因其他原因必须带宠物外出的时候，宠物外出便携包是必不可少的。推荐你选择塑料材质开口在上方的包。这样，猫的爪子不容易被包勾住，在放它进去和抱它出来的时候也比较方便。

虽然猫原本就很喜欢类似于盒子的窄小的地方，基于之前「外出便携包＝医院＝注射」这样恐怖的经验，在你放它进去的时候，猫很可能表现出反抗。有一个办法是从平时起就把外出便携包当猫窝来使用，让猫可以习惯它。

外出便携包有各种不同的样式

外出便携包有手提式的、双肩背的、挎式的等，可选择的样式非常多。有的猫看到主人的脸会比较安心。还需要根据你外出的状况（开车还是步行）加以选择。此外，要检查防止猫逃出去的防护措施有没有做好。

让猫喜欢上外出便携包

平时就把外出便携包放在房间里，让它成为猫玩耍或藏身的地方。这样，在你需要用它带猫外出时，遭到的抵抗也就会比较少了。把它放置在猫觉得安心的地方，或者放一些猫喜欢的布料在里面，以此来让你家的猫产生一种“这是一个舒服的盒子”的印象。

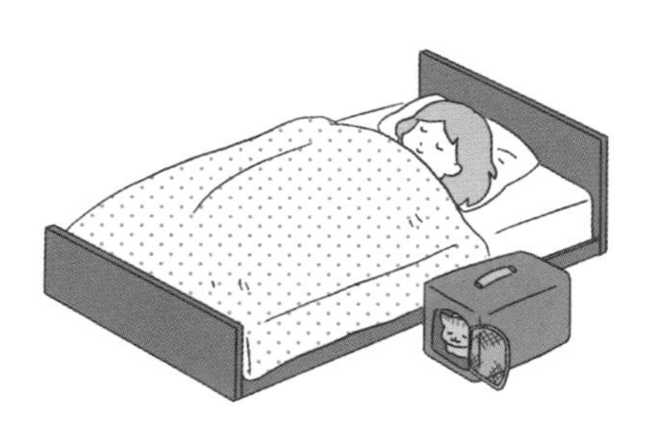

利用好洗衣网

因为大部分的猫都很喜欢洗衣网，所以为了防止猫从外出便携包里逃出去，或在包里大吵大闹，消耗太多精力，或弄伤自己，可以先把猫放到洗衣网里，再放入便携包。带猫去医院的时候，如果它闹得太凶，也可以就这么把它放在洗衣网里带它去诊疗台。

memo

开车外出时，猫在车里乱窜是很危险的。
所以即使在车上，也要让它一直待在外出便携包里。

搬家的时候建议先把猫寄养到宠物旅馆

需要有计划地将猫的压力控制在最小限度

搬家前和搬家后都需要观察猫的反应，照料好它的身心

猫非常不喜欢环境突然发生巨大变化，所以搬家对猫来说会造成很大的压力。搬家的时候无论如何都会频繁地有人在家里进出，所以搬家当天尤其需要小心。为了方便把行李和家具搬出去，搬家的时候门往往是敞开着的，如果猫还被搬家的工作人员吓到的话，很可能会逃到外面，然后走丢。

在搬家过程中将猫关在外出便携包里是一个比较简单的应对办法。还可以暂时把猫寄养到宠物旅馆。与其让猫看到家里「兵荒马乱」的样子，这样做对猫来说反而压力比较小。

没有办法将猫寄养出去的时候

如果能先收拾出一个房间来，不让陌生人进出，只把猫留在这个房间里会好些。也可以把猫放到外出便携包里，再放到卫生间或洗澡间里。猫可能会担心外面在发生什么，所以主人最好时不时过去看看它，跟它说句话。

如何带猫去新家

能自己开车带猫去新家是最好的。自己家没有车的话也可以租车，并且最好由主人亲自带着猫过去。如果需要乘坐火车、巴士等公共交通工具的话，需要支付额外的费用（随身行李费）。（注：我国在这方面的规定和日本有所不同，要视具体情况而定。）如果路途比较长，则要沿路多观察猫的状况，路上不要慌慌张张。

到了新家之后

堆积的行李如果倒下来砸到猫是很危险的。所以要在房间收拾得差不多了，并且猫有了自己可以待着的地方（猫窝等）之后，再放它出来比较好。刚搬完家尤其要注意防止猫走失。另外新家附近的宠物医院也要先找好，可能的话最好亲自过去看看。

memo

虽然搬家的时候主人自己往往也是忙得不可开交，但也不要忘记随时关注猫的状况。

主人不健康的习惯会对猫造成恶劣影响

身心健康要从良好的生活习惯开始

主人不规律的生活会给猫带来压力，引发疾病

家养的猫主要的活动时间是清早和傍晚。据说这也是它们的捕猎对象老鼠会出洞觅食的时间。猫有着感知日照时间的能力，并且会根据光线的变化来调整每天的生活节奏。

但是，如果猫主人的生活缺乏规律，就会打乱猫进食、睡眠等基本的生活节奏，增加它们患病的风险。为了你和猫的健康，请调整好你每天的作息。

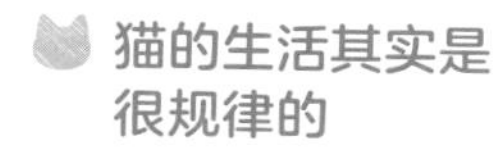

猫的生活其实是很规律的

虽然猫看似老在睡觉，只在想起来的时候稍微起来活动一下，但其实猫和其他动物一样，生活是非常规律的。只是猫的作息规律和人类不同，所以主人不要让自己的生活习惯破坏它的作息。要随时给猫提供一个安静、安心的环境。

对猫来说，脏乱的房间里满是危险

如果人吃剩下的食物不收拾的话，猫很可能在你没察觉的情况下，吃下对它来说有害的东西。房间里乱放的小东西、乱扔的垃圾，都可以成为猫误饮误食或受伤的原因。将房间收拾干净可以让主人和猫都生活得更加舒适。

电器一直开着也会给猫带来压力

灯开着不关，电视开着不关，这些对于对光线和声音很敏感的猫来说都会造成压力。一天中至少有一半的时间，要让它在一个安静、安心的环境中度过。尤其是在夜里，要尽量保持一个黑暗、安静、自然的环境。

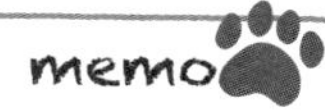

进食、睡眠、排泄，
你需要搞清楚你心爱的猫的基本生活规律。

各个季节需要注意的事项

要创造一个接近自然的环境，让猫可以感到四季的变化

猫和人感觉舒适的气温是不同的，让猫自己选择舒适的温度

一般来说，猫比较怕冷，也不喜欢湿度过高的环境。虽然不同的品种会有一些差异，但总的来说，猫觉得舒适的气温为20~28℃，空气相对湿度为50%~60%。即使是室内，也要提供一个存在温差的环境，让它可以自行调节体温。春秋是猫换毛的季节，掉毛的量会明显增加，这时应该多抽空给它梳毛。另外，即使在天气炎热或寒冷的时候，每天也要让屋里换几次气。尽量创造一个接近自然的环境，这样，猫不容易累积压力。

春

用于过冬的厚毛会在这个季节换掉，所以猫的掉毛量会比平时多很多，需要主人多给它梳毛。这也是容易长跳蚤、生螨虫的季节，一方面要保持房间内的清洁，另一方面每次给它梳毛的时候也要仔细检查一下。另外，这还是猫发情的季节，要防止猫从家里走丢。处于发情期的猫，由于本能的作用，力气也会比平时大。

夏

猫相对来说是比较不怕热的动物，但是却比较害怕湿气。闷热的日子里，可以在家里开除湿器。冷气效果过强也是猫的大敌。尽量在窗户上留一个小缝，或者装上门挡，保持房间内的空气流通。另外，这个时候湿猫粮在外面放久了很容易变质，因此需要注意。

秋

和人一样，这是很容易出现身体虚弱的季节，照看的时候尤其需要小心。由于这段时间气温的波动比较大，所以在猫的活动范围内既要给它准备好相对温暖的地方，也要给它准备好相对凉爽的地方。另外，有的猫在天气凉下来之后食欲会变得旺盛，虽然这是基于本能的变化，但还是要注意不要让它吃太多，以免引起肥胖。

冬

寒冷是猫的大敌。要准备一个可以让它钻进去的暖和的毯子。虽然如此，如果暖气开得太强，也可能会引起脱水等身体不适的状况。要让它可以自由地来往于有暖气和没暖气的房间之间。因为讨厌寒冷，有的猫上厕所的频度会下降。要观察猫的状态，必要的话可以改变猫厕所放置的位置。另外，为了防止出现运动不足的情况，这段时间要多陪它玩耍。

猫的妊娠要有计划地进行

要让它生小猫吗？还是不要呢？需要做出决断的是猫主人

如果不打算让它生小猫，就要带它去做绝育手术

猫的妊娠率是非常高的，如果猫主人没有让它繁育后代的打算，就需要带它去做绝育手术。手术通常在猫半岁到一岁半进行。手术后猫用尿液标记领地的行为会减少，同时会变得比较容易发胖。作为猫主人最好先和兽医师商量，弄清楚手术的利弊后，再做决定。

如果有让它生小猫的打算，则可以找熟人家的猫配种，或找专门给猫配种的猫舍。只是猫舍一般会收取一定的费用。

决定权在雌性身上

猫的习性是雌性发情后附近的雄性才会跟着发情。妊娠（交配）的决定权在雌性身上。日照时间变长会促使猫发情，相反，日照时间缩短，猫的发情也会停止。因此多数猫都是在春季或日照时间长的夏季发情的。

同母异父的兄弟会在一胎出生

母猫在一次发情期内有时会和多只公猫交配。因为猫属于一次会排出多个卵子的多胎妊娠型动物，这样交配后怀上的幼猫会一起来到这个世上。除了猫以外，常见的同属于多胎妊娠型动物的还有兔子等。

出现意外妊娠的情况

如果自己没办法抚养即将出生的小猫，最好尽早（在小猫出生之前）为它们找好愿意领养它们的主人。如果自己找不到的话，可以通过正式的手续获得相关宠物收容机构的帮助。另外，在生产结束后要尽快带猫去做绝育手术。

为了猫一生的幸福，同时考虑主人自己的实际情况，请尽早为你家的猫制订好未来的计划。

猫的生产与育儿

与萌到爆炸的幼猫度过一段特别的时光吧

安心与舒适的环境是母猫生产、育儿过程中不可或缺的

猫的孕期约为9周。每次生产会产下3~6只幼崽。在此期间，猫主人能做的就是调理好母猫的身体，为它提供一个可以安心生产的环境。至于生产过程本身倒是没什么需要主人帮忙的。

小猫在出生后大约6周内，会从母猫那学会作为一只猫生存下去必要的技能。猫主人则应配合它们的生长阶段给它们准备适合它们的食物，并尽力防止小猫走失等事故的发生，为小猫提供一个可以健康成长的环境。

❶ 发情

处于发情期的母猫会很爱撒娇，还会大声叫。另外，何时发情，和哪只公猫交配，决定权都在母猫身上。

❷ 孕期（约 9 周）

处于妊娠初期的猫和平时看不出有什么区别，所以等到主人察觉时往往已过很久了。妊娠后母猫的腹部会逐步膨大，乳房也会更突出。孕期的猫往往食欲旺盛，并且容易嗜睡。当预产期临近时要为它准备一个可以安心分娩的地方（猫窝或是一个盒子）。

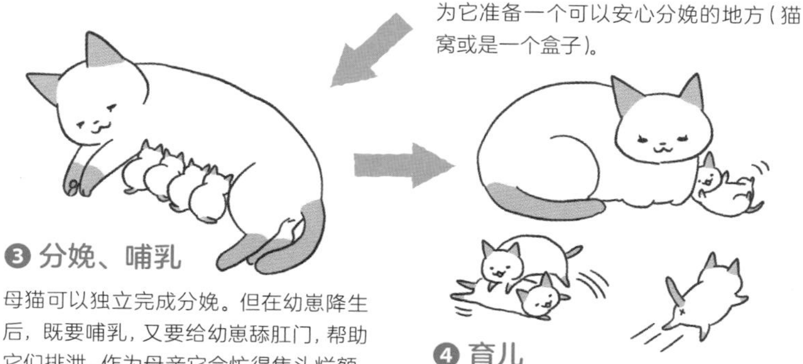

❸ 分娩、哺乳

母猫可以独立完成分娩。但在幼崽降生后，既要哺乳，又要给幼崽舔肛门，帮助它们排泄，作为母亲它会忙得焦头烂额。除非母猫来跟你撒娇，或是主动向你表现出诉求，否则作为猫主人，此时最好不要插手，应该静静地守在一旁。

❹ 育儿

母猫不仅要给幼崽哺乳，还要陪这些整天只知道调皮捣蛋的小家伙们玩，教会它们如何吃东西。等小猫自己可以跑来跑去的时候，主人就可以参与进来，陪它们一起玩了。

❺ 独立

即使小猫已经有人愿意领养，最开始的两个月最好还是让它们和母猫生活在一起。这样做可以增强它们的免疫力，并教会它们如何和周围的人或猫相处。不过，也有的小猫只要和母猫待在一起，就怎么也长不大，一直是个娇宝宝。所以，经常可以看到母猫气急败坏地追在淘气的小猫屁股后跑的景象。一般来说，大约 6 个月大的时候，小猫就可以独立了。

这是跟我同公司的松崎君

这次的男朋友挺帅嘛！

当猫主人有了新的人类家人时

不要急躁，要让猫一点一点地习惯新的家人

要不断地让它感受到你的爱，同时要观察它的反应

主人的家庭成员有大的变化时，猫会很敏感地察觉到。这种不安会转为压力，使它吵闹，或闷闷不乐。当已经知道自己要结婚，家庭成员要增加的时候，最好能提前跟它「打个招呼」。不要急躁，要让新的家庭成员一点一点地拉近跟猫之间的距离。

家里有婴儿降生的时候也可能会给猫造成压力。如果猫对婴儿保持警戒，甚至采取攻击的话就糟糕了。请尽量抽出时间多和猫互动，尽量让它可以安心。

不要因此改变你和猫之间的关系

家里有新成员的时候，你的注意力往往会放在新成员身上，但请一定不要因此而冷落你的猫。晚上回家和早上起床的时候都要跟猫打招呼，要努力跟它亲近。尽量不要让它感到平时的生活节奏有大的变动。

适当保持距离反而会拉近人和猫之间的距离

新的家庭成员想要尽早和猫搞好关系，强行地去亲近它是行不通的。人一方不要过于殷勤地去接近猫，甚至开始的时候对猫采取无视的态度也是可以的。要和它保持适当的距离，等着猫采取主动。

猫可能会偷偷地吃醋

虽然表面上可能看不出来，但猫往往会偷偷地观察家人的状况。如果是爱撒娇的猫，甚至可能会偷偷吃醋。在猫完全习惯家人的变化之前，在它面前不要和新的家庭成员表现得过于亲密比较好。

memo

尽可能不要改变此前的生活环境和生活习惯，在每天的生活中让猫逐渐学会和新的家人好好相处。

如何让小孩和猫幸福地生活在一起

作为主人要同时守护好小孩和猫的安全

小孩和猫一起时需要大人在旁边看护着

无论是过去还是现在，小孩永远是猫的「天敌」。小孩子往往会不顾猫的想法去摸它们，或是拽着猫的两只前脚将它提起来，有时还会过于用力地去抱它们。这些对于猫来说都是非常可怕的。

另外，过于接近猫对小孩来说其实也是存在着危险的。在猫不情愿的情况下，硬要去摸它或是用力扯它身上的某个地方，是有可能被猫反咬一口的。大人要不断教给小孩正确和猫相处的知识，来帮助小孩和猫构建一个和谐友爱的关系。

关于“孕妇身边不可以有猫”的传言

这种传言之所以会这么根深蒂固，其实是因为一种叫作弓形虫的寄生虫。这种寄生虫对猫几乎没有任何影响，但偶尔会影响到人类的胎儿。不过，感染率其实并不高，没必要那么担心。只要保持猫厕所的清洁，在打扫完之后给猫厕所消毒，就可以预防感染了。

同时守护好猫和小孩

总的来说，猫不会主动去攻击人类小孩。只是，如果小孩突然发出很大的声音，或是去抓猫身上的某个地方，猫可能会被吓到。这时出于自卫，它可能会抓伤或咬伤小孩。要避免出现把猫和小孩单独留在一个空间里，旁边却没有大人在的情况。

小孩子长得可真快啊……

和动物一起生活对小孩成长的意义

据说和动物一起长大的小孩情绪会比较丰富，待人也会比较亲切。因为动物不会说话，孩子只能靠着观察它来了解它的想法。这时候很容易就会被小动物顽强的生命力感动，并会对那些动物具备的超越人类的能力产生敬意。天真纯洁的小孩子可以从动物身上学到的东西有很多。

memo

你心爱的猫对于你的孩子来说，既是兄弟，又是老师，还很可能是他的第一个好朋友。

不同的生命阶段猫身上的变化

猫陪伴你的时间一晃眼就过去了。珍惜它在你身边的每一天吧

配合它的变化，给它适当的照料，可以让它健康长寿

猫的成长速度比人类快，猫的一年大约相当于人类的4年。活泼的幼猫时期要小心照顾它，防止事故的发生。从中年时期开始它的运动能力会逐渐下降，患病的风险也会逐渐增加。11岁之后就要给它换老猫专用的食物，并更多地关注它的健康状况了。

随着食物品质的提高和动物医学的发展，家养猫的平均寿命已经增长了很多了。完全不去室外而只在室内饲养的猫大约能活到15岁。最近已经有可以活到差不多20岁的猫了。

如果是人的话，它现在多大了呢？

如何将猫的年龄换算成人类的年龄呢？有一种说法认为，最初的 2 年相当于人类的 20 岁，之后每年相当于人类的 4 岁。

猫身上的哪些变化表示它可能生病了

猫不会无缘无故出现异样，应及时带它去宠物医院接受检查

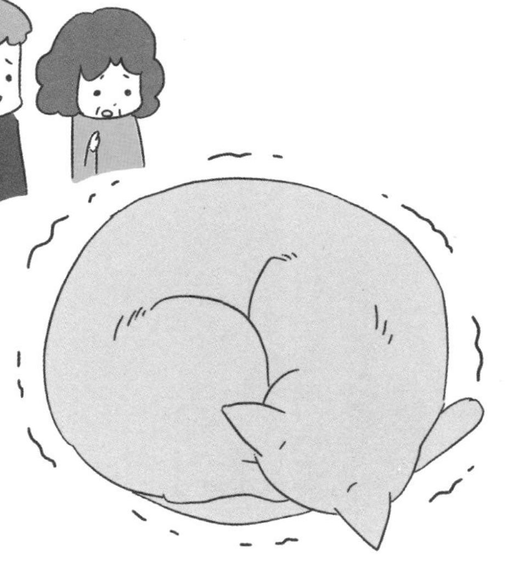

在猫生病的时候能够帮助它的就只有它的主人了

猫是一种即使感到身体不舒服，也会努力隐瞒的动物。因此当猫身上出现我们可以发现的异常时，很可能病情就已经比较严重了。年龄比较大的猫患肾病或与内分泌相关的疾病的概率比较高。如果能够尽早发现并及时治疗，可以延缓病情的发展，甚至有可能使它完全康复。

如果猫表现出不同于往常的样子，一定要格外小心。请按照本文中所列出的清单进行确认，并带它去宠物医院接受检查。

各种疾病的早期征兆一览表

※ 本表中所叙述的内容，只不过是最典型、最具代表性的情况。
如果出现以下所述症状，请不要自行判断，应当带猫去宠物医院接受诊断。

症状	可能的原因
主动去阴冷的地方。	可能是身体出现异常后导致体温下降造成的。
精神萎靡超过 1 天。	不排除重大疾病的可能。如果症状持续，需要去宠物医院接受检查。
双目失焦。	可能是因为视网膜出血导致的失明，也可能是脑部疾病引起的。
对周围漠不关心。	可能因为它正忍受着剧烈的疼痛，或是某些疾病的晚期症状。也可能是脑部疾病引起的。
呼吸急促、用口呼吸。	可能是心脏、肺部疾病或甲状腺功能亢进，也可能是胸腔积液引起的。
全身颤抖。	可能是癫痫或脑部疾病。重度肾病、肝病、低血糖也会引起此症状。
眼白发黄。	可能是因肝病引起的黄疸。
口腔疼痛、口臭。	可能是牙结石、牙周病或口腔内炎症。也可能是属于恶性肿瘤的鳞状上皮细胞癌。
频繁地呕吐。	多数情况为胰腺炎或甲状腺功能亢进，也可能是因为胃肠内长有肿瘤。
腹部肿大。	可能是腹腔积液，也可能是由癌症引起的内脏器官肿大。
不进食。	不排除重大疾病的可能。如果症状持续，需要去宠物医院接受检查。
大量饮水。	可能是肾病、糖尿病、甲状腺功能亢进等。
频尿。	可能是膀胱炎、泌尿系结石等。

平时在家就能做的健康检查

长寿的秘诀就是每年要体检两次

靠着平时多和猫亲近来尽早发现它的异常

想要尽早发现猫身体不适的信号，在平时跟它亲近的时候就要养成习惯，随时注意观察它身上出现的各种细微变化。其中尤为重要的是体温、体重、心跳频率和呼吸频率。平时起就有意识地去测量这些数据，可以帮助你更直观地发现猫身体的变化。

在猫年轻的时候，每年应该带它去做一次体检，在它10岁之后则应每两年做一次体检。体检会带来的最主要的好处有两点：首先，它有助于早发现早治疗。其次，它还可以帮助你掌握猫在健康时身体各项机能的数值。

在家就能做的健康检查

体温

最好用在耳朵上测体温的宠物专用体温计。猫在家里时的正常体温为 37.5~39℃。

体重

主人可以抱着猫测一个总体重，再减去主人自己的体重，就可以算出猫的大致体重了。无任何征兆的体重增减，都应该引起重视。

呼吸频率

可以在猫处于平静状态时,数它胸部上下起伏的次数。一般以 1 分钟呼吸的次数为标准，为了方便也可以 15 秒数 1 次，然后乘以 4。健康的标准为每分钟 24~42 次。

心跳频率

可以将手按在猫胸部稍靠下的部位，数它的心跳。同样可以 15 秒数 1 次，然后乘以 4。心跳次数每分钟 120~180 次为正常。

检查猫的排泄物

不仅要看它有没有腹泻或是便秘，还要注意大便的颜色和气味。尿液也是一样，颜色、气味、次数、量都是很重要的。大小便每天各 1 次左右都属于正常。

食欲、饮水量

食物的摄取量、食欲的起伏都需要注意。如果食量或饮水量猛然增大，则应带它去宠物医院接受检查。

扪诊

在平时和猫亲近的时候，可以试着用手轻按它身体各处，看它有没有哪里感到疼痛，或检查身上有没有肿块。另外，还要注意它有没有极度严重的掉毛现象。

有25%的老猫都患有肾病

正是因为患病率高，主人在照料时才尤其需要仔细

要用正确的知识去预防，在患病后观察它的状态

老猫的死亡原因中排在第一位的是肾病。猫在进化过程中逐渐具备了限制排尿量的机能，但高浓度的尿液给肾脏带来的负荷非常大。并且猫的肾脏相对于它身体的大小而言是偏小的。所以，可以说猫容易患肾病是它的身体构造和遗传基因造成的。猫出现尿量和饮水量增加的「多饮频尿」的状况，往往是肾病初期的症状表现。但这本身是一种难以被察觉的症状，所以还是需要主人经常带它去做体检。

给它准备它喜欢喝的水

在肾病治疗的过程中，在家里最需要做好的事情就是防止猫出现脱水症状。每只猫都有自己偏好喝的水，如温水、凉水、有小鱼干味道的水等。将猫饮水看作是头等大事，为它准备好它喜欢喝的水吧。

绝对不可以给它吃盐分过多的东西

以人的味觉来说，稍微有些咸味的东西对猫来说盐分就过多了。拿给猫吃的话，只能是没有加调味料的生鱼片或蒸熟的鸡肉等。加过调味料的食物是绝对不可以给猫吃的。另外，金枪鱼罐头之类的食物盐分也比预想的高。

为什么猫容易患肾病呢？

肾脏是将身体中的废弃物和有害物质转换为尿液后排出体外的器官。而肾脏之所以能实现这样的功能，靠的是称为“肾单位”的基本结构。以猫肾脏的大小看来，其中具有的肾单位的数量也偏少，这就是猫较为容易患肾病的原因。

肾病是会引起肾功能障碍的一系列肾脏疾病的总称。可以通过血液检测、拍 X 线片、尿液检测等查明具体的病因。这可以帮助你更清楚地了解它的病情。

老猫在半夜叫是生病的信号

身体已逐渐虚弱的老猫来向你求助时，请不要视而不见

大半夜了还一直叫，简直和小宝宝一样

快别叫了，安静睡吧

不是这样的！！

喵！

喵！

要弄清楚猫半夜叫的原因，若觉得可疑，要带它去宠物医院

超过13岁的老猫如果半夜开始叫的话，很可能是因为患有脑肿瘤、高血压、老年认知功能障碍等疾病。其特征包括：以一定的节奏不断地发出如犬吠般的叫声，叫的同时视线一直集中于某一点；发出比发情期更低沉的叫声，叫声无目的性等。

年轻的猫有时半夜也会叫，但那多半是在向你提出要你陪它玩的要求。如果老猫半夜持续叫的话，那么最好带它去宠物医院做检查，找出原因。

猫基本上不会无意义地乱叫

猫是一种忍耐性比较强的动物。和其他动物比起来，它们的叫声往往带有比较明确的目的。家养的猫在对主人叫的时候往往都是在提出某种期望或要求。如“我肚子饿了”“厕所应该打扫了”等。

猫在夜里比较有精神

半夜叫在老猫身上比较常见，年轻的猫一般不会这样。年轻的猫如果在半夜叫，那多半是因为它想跟你撒娇，或是它有多余的力气没花完，想要你陪它玩。想要通过训斥它让它停下是不会有用的。倒不如尽量去满足它的要求，这样做会有较好的效果。

可能引起老猫半夜叫的疾病

- 甲状腺功能亢进
- 高血压
- 脑肿瘤
- 老年认知功能障碍

如果因为猫半夜叫，你打算带它去做检查的话，最好事先将猫叫的频率和叫时的样子记录下来。这样做可以帮助医生做出正确的诊断。

胖点真的没关系吗？关注猫的肥胖问题

健康的猫应该身材苗条，有明显的腰线

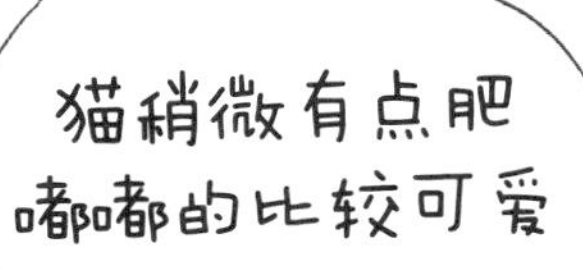

肥胖与否关键看能否摸到肋骨，肥胖也可能是由疾病引起的

过度肥胖可能导致糖尿病、泌尿系结石等诸多疾病，请一定不要忽视你心爱的猫的肥胖问题。

用手摸猫身体的两侧，因为脂肪太厚无法摸到肋骨，或是从侧面看时可以明显看到腹部下垂，这些都是肥胖度超标的信号。给它喂食的量不要单靠自己的目测，而应该从营养均衡的角度出发来进行选择。另外，幼猫、成年猫、老猫，不同的成长阶段猫所需的营养也各不相同。给猫的食物具体要如何选择，应向专业的兽医师咨询。

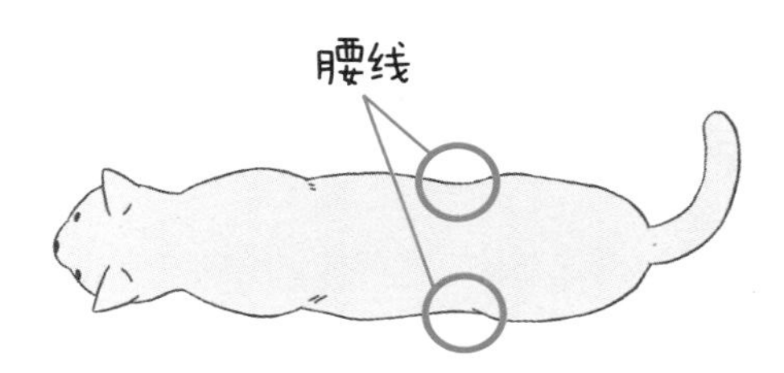

以理想体形为目标

从上方俯视时，可以在它肋骨往后的位置看到明显的腰线，触摸时可以摸到肋骨，这才是猫理想的体形。如果只靠肉眼观察就能看到明显突出的肋骨，则说明它过瘦。摸不到肋骨、看不到腰线、腹部下垂等，则是过度肥胖的标志。如果只有腹部肥大，则有可能是妊娠或疾病造成的。

肥胖百害而无一利

和人一样，猫的肥胖也可能诱发各种疾病。1 岁之后的猫如果每年体重增加超过 1kg 就需要格外注意了。反过来，如果体重猛然下降，或是明明食欲很好却日渐消瘦的话，则往往也是健康方面出了问题。比起猫实际吃的量，主人更应该控制好给它喂食的量。

由肥胖引发的主要疾病有哪些?

泌尿系结石

饮水量不足，小便频度低，以及过度肥胖，这些都是引起泌尿系结石的主要原因。

皮炎

肥胖会使猫在舔毛时舔不到的部位增多，因而难以保持自身清洁，导致皮炎。

糖尿病

肥胖会使得猫对胰岛素的抵抗性增加，因而导致血糖值上升。

关节炎

和人一样，长期支撑超标的体重，会使关节承受的负担过大。

减肥要靠猫和主人共同努力才能实现

不要心急，要一点点地向着标准体重努力

不要因为猫的抗议而屈服，要对猫的饮食进行彻底控制

如果依照上一节所述的办法进行检查，发现猫的体重超标的话，最好尽早开始减肥。因为家养的猫想猛然增加它的运动量是十分困难的，所以主要考虑以通过控制饮食的办法来达到减肥的效果。

每次喂食时要正确地测定喂食的量，并且尽量做到喂食时间规律。这时请选择不会造成营养不良的减肥专用猫粮。一次养多只猫时，要注意将喂食的容器分开。即使还没吃完，到时间就要把食物收走，防止进食的时间过长。

最好的对策仍然是预防

让一只已经出现肥胖问题的猫瘦下来，要依靠猫和主人巨大的忍耐力。对于并不了解减肥必要性的猫而言，食物和零食的量减少，或是被迫吃自己不喜欢的食物都会造成一定的压力。所以最好还是提前预防。发现肥胖的苗头，就尽早解决。

将钢铁般的意志贯彻到底

对于野生动物而言，饥饿是非常可怕的，因此动物往往会本能地偏好热量高的食物。很多猫都不喜欢减肥食品。如果猫超过 24 小时没有进食，那么应该试着更换其他厂商生产的减肥食品。

不要在猫的抗议下败下阵来

在减肥的过程中，猫往往会拼命地向主人表现出“我不喜欢吃这个”“我还要吃更多”等的样子来。这会给主人造成不小的压力。如果觉得自己快坚持不住了，可以出门转转，把猫独自留家里。这样反复几次之后，猫也就逐渐放弃了。

肥胖是家养的猫特有的问题。
主人要对此负起责任，防止肥胖的发生。

公猫的绝育手术

手术的好处较多，坏处主要是可能引起肥胖

在考虑过各方面问题后再做决定，实施时要有计划地进行

公猫用尿液标记领地和争夺领地的行为，在实施绝育手术后都会减少。出生后超过半年，体重在 2.5kg 以上就可以接受绝育手术了。手术费用 500~1000 元人民币不等。多数情况下，手术当天就可以带它回家了。

实施手术后它的性格虽然会变得比较温驯，但这也会使它比较容易发胖，这一点需要引起注意。另外，公猫大约在 3 岁后脸部的骨骼才会完全定型。如果 3 岁后实施绝育手术，那么它的脸部会长成比较符合雄性特征的扁圆脸型。

公猫绝育手术无须住院

公猫做完绝育手术当天就可以带它回家。在你预约手术时，医院会明确地向你说明手术前后的注意事项，请务必严格遵守。多数情况下，手术前一天不可以进食。所以养了多只猫的主人尤其需要小心。虽然只是个小手术，但是仍然会给猫的身心造成很大的负担。手术前后需要多关注它的状态。

建议尽早实施手术

公猫出生 4 个月之后，只要它的身体状况良好，就可以实施绝育手术了。猫如果已经有了用气味标记领地的习惯，实施手术后这种习惯很有可能会继续保持。因此，如果已经决定好要给它做手术的话，建议还是趁早。

给公猫实施绝育手术的好处

减小压力

性欲无法得到满足往往是带来压力的根源。只是手术后热量的消耗量也会减少，容易引发肥胖。

预防疾病

手术后患精囊和前列腺疾病的风险会降低。

调皮捣蛋的次数会减少

实施绝育手术后，公猫用气味标记领地、发情期乱叫、和其他猫打架等行为都会明显减少。

使猫健康长寿

生病和走失的风险降低，压力减轻，最终会使得猫健康长寿。

母猫的绝育手术

如果不希望母猫怀孕，作为主人需要担负哪些责任

母猫的妊娠和绝育手术都要有计划地进行，手术后还要当心肥胖的问题

母猫在实施绝育手术后，患卵巢、子宫疾病，以及患乳腺肿瘤的风险都会降低，并且属于发情期特有的表现也会消失。手术费用500~1000元人民币不等。术后需要住院数天。

猫在实施绝育手术后精神状态会相对更稳定，也有益于它的健康长寿，只是容易引起肥胖，这一点需要当心。猫和人不同，它们是在交配后排卵的。这使它们的妊娠率几乎为100%，并且一次妊娠平均会产下3~6只幼崽。因此，母猫的妊娠一定要有计划地进行。

一旦发情的话……

母猫发情时会发出平时不会有的大的叫声，会在地上打滚，将身体扭来扭去，还会一个劲地跟你撒娇。虽然存在着个体差异，但一般来说，猫在发情期行为都会出现异常，甚至会让不少猫主人惊讶不已。一些平时对室外没有兴趣的猫，在发情期也会出现走失的风险。

母猫的绝育手术需要住院 1~2 日

母猫的绝育手术属于开腹手术，因此需要住院一段时间。在预约手术时，兽医师就会向你交代术前术后的各项注意事项，请务必严格遵守。手术会给猫的身心带来巨大的负担，术后一段时间内，请注意观察它的状态。另外，饮食也需要格外小心。

给母猫实施绝育手术的好处

减小压力

性欲无法得到满足往往是带来压力的根源。只是手术后热量的消耗量也会减少，容易引发肥胖。

预防疾病

手术后患乳腺癌的风险会降低。如果手术中子宫被摘除，还可以防止子宫疾病。

防止意外妊娠

根据日本 2014 年的统计，日本每年约有 8 万只猫被处以安乐死。为了减少不幸的猫的数量，绝育手术是必需的。

使猫健康长寿

生病和走失的风险降低，压力减轻，最终会使得猫健康长寿。

选择宠物医院时的注意事项

主要还是取决于猫、主人和兽医师之间合不合适

选择一家适合自家猫的宠物医院比什么都重要

有一个熟悉、可信任的兽医师，既能守护猫的健康，又能给主人带来安心。可以通过医院内的环境是否卫生、收费是否透明以及自家的猫和兽医师的性格合不合等对宠物医院加以选择。另外，是否获得「猫友好型诊所」的国际标准认证，也可以成为你判断的基准之一。带猫去宠物医院时，尽量不要放它出来。猫也好，主人自己也好，都尽量不要接触宠物医院里的其他动物。

选择宠物医院时的注意事项

- □ 医院的位置离家是否近，看病是否方便
- □ 候诊室和诊疗室的卫生状况如何
- □ 兽医师在回答主人问题时是否有耐心
- □ 是否会事先告知你治疗和检查的费用
- □ 兽医师对猫相关的知识是否了解，对待猫是否有耐心
- □ 诊疗费用的各项明细是否清晰易懂
- □ 是否提供第二医疗意见服务
- □ 有没有能让你家的猫不那么紧张的兽医师

各常见品种的猫易患的疾病

因为血统相同，所以有着类似的体质和易患的疾病

不同品种的猫都有各自易患的疾病

不同品种的猫除了性格不同之外，各自易患的疾病也不一样。

比如体型较大的缅因猫和布偶猫容易患心肌肥厚，而体型较小的新加坡猫则需要注意预防容易引起重度贫血的丙酮酸激酶缺乏症。

在了解自家猫的品种和性格的同时，也需要事先调查清楚该品种易患的疾病。

常见品种的纯种猫易患疾病一览表

缅因猫

心脏病(心肌肥厚)

美国短毛猫

心脏病(心肌肥厚)

阿比西尼亚猫

血液疾病、肝病、皮肤病

波斯猫

肝病、眼病、皮肤病

挪威森林猫

糖尿病

新加坡猫

丙酮酸激酶缺乏症

苏格兰折耳猫

软骨骨质化发育异常、心脏病(心肌肥厚)

俄罗斯蓝猫

末梢神经功能障碍

布偶猫

心脏病(心肌肥厚)

猫常患疾病，以及可接种的疫苗

用正确的知识守护猫的健康

定期接种疫苗可以预防疾病

猫艾滋病病毒传染病、猫白血病病毒传染病等，猫身上的许多传染性疾病都可以通过接种疫苗的方式加以预防。在它出生后2~3个月的时候接种过疫苗之后，今后每年还要再接种一次疫苗。

即使是在室内饲养，猫也可能因为主人从外界带回的病原体感染疾病。另外，除了传染病之外，患膀胱炎、肾病等泌尿系统、消化系统疾病的猫也很多。需要从平时起就多观察它的呕吐物和排泄物。

每年一次的疫苗接种是头等大事

和人一样，即使小时候接种过 1 次疫苗，也不是说就可以放心一辈子了。为了维持猫所需的免疫力，每年需要追加接种 1 次。

还要注意跳蚤和螨虫

偶尔会去室外的猫可能会生跳蚤和螨虫。另外，即使是完全在室内饲养，如果是在一楼的话，仍然有可能会有跳蚤从纱窗的缝隙里钻进来。另外，跳蚤一旦出现过一次，复发的概率便会非常高，所以一定要彻底做好预防工作。

不可以亲吻猫

经常可以在网络上看到，一些猫主人觉得猫太可爱了，就去亲吻它们。但是即使是家养的猫，身上也潜藏着一些可能会传染给人的病菌。像巴斯德氏菌病等就是其中有代表性的例子。它有可能会发展成肺炎，请一定要引起重视。

memo

猫类的预防医学日新月异，
为了获取正确的知识，
需要你经常带猫去做检查和接种疫苗。

猫需要注意的疾病一览表

猫获得性免疫缺陷综合征(猫艾滋病)	猫传染性浆膜炎
往往因为猫之间打架受伤而感染。一旦出现病症，就很难完全康复，但也有不出现病症的情况。 症状：免疫力下降、慢性口腔炎症 预防：接种疫苗、彻底的室内饲养	这是一种致死率高的病毒性疾病，会引起腹膜炎或胸膜炎。 症状：胸腔积液、腹腔积液、食欲不振、痢疾 预防：接种疫苗
猫白血病病毒感染	**支气管炎、肺炎**
因为接触了患病猫的唾液而被传染，也可以通过母婴传播。 症状：食欲不振、发热、痢疾 预防：接种疫苗、彻底的室内饲养	往往因感冒拖延治疗而引发。该病病情发展快，所以早期发现尤为重要。 症状：咳嗽、发热、呼吸困难 预防：接种疫苗
猫传染性鼻气管炎	**乳腺肿瘤**
通过直接接触患病的猫，或接触空气中飞散的唾液传染。 症状：打喷嚏、流鼻涕、发热、结膜炎等 预防：接种疫苗	恶性乳腺肿瘤即为乳腺癌。在高龄的雌性猫身上比较常见。容易向肺部转移。 症状：胸部有肿块、乳头分泌出黄色液体 预防：及早实施绝育手术
猫泛白细胞减少	**糖尿病**
与患病猫接触后感染。是一种致死率高的病毒性疾病。 症状：发热、呕吐、便血等 预防：接种疫苗	患病后血糖值增高，饮水量骤增。肥胖的猫易患此病。 症状：进食量、饮水量增加，体重下降 预防：饮食管理以及防止运动不足
猫环状病毒感染	**甲状腺功能亢进**
一种不会传染给人，只有猫会感染的病毒性感冒。 症状：眼屎多、流口水、打喷嚏、口腔炎症等 预防：接种疫苗	由于甲状腺激素分泌异常，使得身体的能量被大量消耗的疾病。 症状：食欲增加、出现异常行为、具攻击性 预防：发现症状后要尽早确诊
猫衣原体感染	**膀胱结石**
通过和衣原体感染的猫接触而传染。通过早期治疗，多数可以康复。 症状：眼屎多、结膜炎、打喷嚏、咳嗽 预防：接种疫苗	由于膀胱内形成结石，刺激黏膜而引起膀胱炎。 症状：尿血、频尿 预防：想办法让它多喝水，改用为患有泌尿系结石的猫准备的专用猫粮

第5章 与猫相关的杂学

撞上了……

母猫的右前爪

公猫的左前爪

是「惯用爪」

5分钟后

体力已经到极限了

怎么不动了呢，喵

一直都在用同一根逗猫棒陪它玩……
老是同一件玩具的话，虎仔应该会觉得腻吧
连我自己都觉得腻了
家里的很多东西都能做成简单的逗猫棒……
喔！
我也试着做做看吧
好的！！
做出来好多新玩具了呢！
喵！！

虎仔你喜欢那个啊？
用旧袜子做的玩具
这个也很好玩，要不要试试？
嗅
嗅
虎仔 虎仔
无视
……
……
只是主人的旧袜子く
く嗅く嗅
嗅く嗅く嗅 く嗅 く嗅
く嗅
不要一直抱着闻吧……？
嗅 嗅……
……
呆滞……
这个表情我在网上见到过！
啊！
呆滞……

这个表情叫作「裂唇嗅反应」
每只猫的表情都好有趣
嗅
嗅
嗅
嗅
嗅
嗅
嗅
呆滞……
虎仔的表情也好有趣！
上传到朋友圈吧！
继续呆滞……
咔嚓
虎仔这么可爱，说不定会变成网红猫呢……
哼哼哼……
这个玩具也好好玩的样子，喵

家猫的祖先——「非洲野猫」

现在猫身上残留的习性就是源自于此

在与人类生活的过程中出现了今天的「家猫」

现在和我们生活在一起的「家猫」的祖先，是主要栖息于半沙漠地区的山猫的一种，称为「非洲野猫」。

最初开始将非洲野猫作为家畜来饲养的是古代的埃及人。以此为契机，猫开始逐渐适应与人类一同生活。另外，作为它们猎物的野鼠也往往多出现于人类聚集的地方，这也为非洲野猫的生存提供了良好的条件。在子孙世代繁衍的过程中，「家猫」这一新物种也就产生了。

这样一来，猫的习性就变得好理解了

非洲野猫是以捕食野鼠或野生鸟类等小动物为生的。因此它们具有优异的身体机能。比如惊人的弹跳力和在黑暗环境中优秀的视力。另外，为了防御外敌，保护自身，喜欢住在狭小的树洞里。这都和现在的家猫一模一样。

猫在埃及被奉为女神

在古埃及，非洲野猫和人类生活在一起。在埃及历史上，猫曾被奉为巴斯特猫女神。近年来，在世界各地的遗迹中，都相继发现人们曾郑重地为猫举行葬礼的考古证据。

野生的山猫与人类的共存关系

在古埃及，尼罗河沿岸的肥沃土地上种植着大片的谷物，但却遭受着当地野鼠的危害。而此时出现的救星正是以捕食野鼠为生的非洲野猫。于是，埃及人民开始主动保护非洲野猫，并选择了和它们共同生活。

除了以猫的形象现身的女神巴斯特之外，
古埃及人还崇拜着她的姐妹，
以狮子的形象现身的女神塞克美特。

猫传到日本是在日本平安时代

无论在哪个时代，都有很多喜爱猫的人

猫是从中国传到日本后才在日本安家的。在公元6世纪，随着佛教传到日本，为了防止用船只运送佛经时，经书被船上的老鼠啃食、破坏，于是把猫一同带上了船。现在一般认为猫就是这样来到日本的，但是还没有找到对此有明确记载的历史文献。

日本的书籍中最早出现猫的身影是在宇多天皇的日记中，其中有称赞「唐猫」之优雅的记述。由此可以推断猫大约是在平安时代（公元794~1192年）初期渡海来到日本的。

航海时猫是人类重要的伙伴

远洋航行时，如果船上出现了鼠害，导致粮食缺乏，可是要出大问题的。贸易商人们为了保护珍贵的粮食，消灭船上的老鼠，会把猫带上船。正是从那时起，猫作为一种宝贵的动物开始广受人们的关注。其结果是猫被人们带往世界各地，成为和人类一起生活的伙伴。

浮世绘中也经常见到猫的英姿！

日本江户时代（公元 1603~1867 年），猫的人气又上了一个新的台阶，以猫为题材的浮世绘作品不胜枚举。其中最具代表性的画家要数歌川国芳和葛饰北斋了。尤其是歌川国芳，世人都知道他对猫的喜爱，由他创作的《捕鼠的猫》等诸多以猫为题材的绘画作品，更是一直流传至今。

猫在各类故事小说里也有精彩的表现

喜爱猫的人不只有画家，还有大文豪。日本夏目漱石的代表作《我是猫》里的主人公，便是一只没有名字的小猫。据说成为小说主人公原型的猫在去世的时候，夏目漱石还在自家后院里为它立了墓碑，并在墓碑前吟诵诗歌来悼念它。

宫泽贤治的很多作品也是以猫为题材的，但是据说他本人是怕猫的。

幼猫眼睛里的「蓝膜」

这是只在小猫出生后 2~3 个月内才有的非常罕见的瞳色

猫眼睛的颜色在成长过程中会发生有趣的变化

几乎所有的小猫在出生后 10~14 天里眼睛的颜色都会从灰色变为蓝色。这其实是虹膜中的黑色素还未完全沉淀时呈现出的颜色，也就是我们俗称的「蓝膜」。大约在它 2 个月大的时候，虹膜上的色素沉淀完毕，瞳孔也会呈现出它本来的颜色。比如喜马拉雅猫等身体末端处毛色较深的「重点色猫」这一类的品种，由于其基因的缘故，随着它的成长，它瞳孔里的「蓝膜」会消失，转而变成普通的蓝色。

猫的血型也因地域而有所变化

有调查结果表明美国东海岸的猫全是A型血

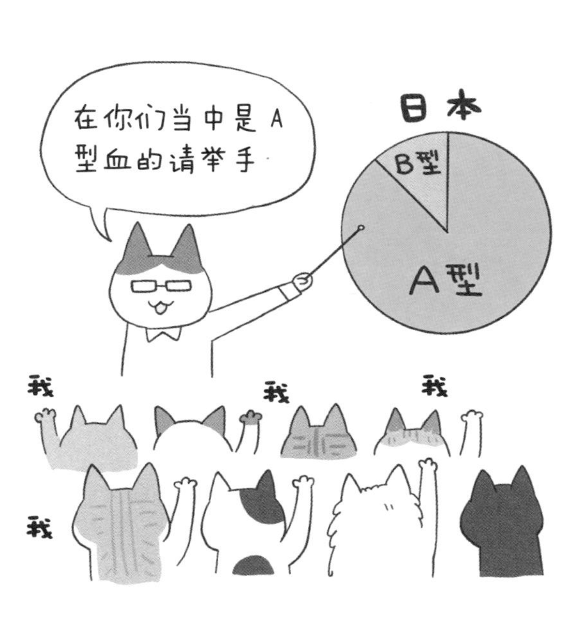

猫的血型基本可以通过品种和地域确定

猫的血型主要分为A型和B型，也有极为罕见的AB型。就我们所了解的情况看来，生活在每个国家和地区的猫的血型有趋于一致的趋势。一份来自意大利的调查结果表明，日本的猫A型血居多，美国的猫则几乎全为A型血，英国和澳大利亚的猫则B型血占的比例较高。另外，就品种来说，美国短毛猫和暹罗猫几乎全为A型血，英国短毛猫则多为B型血。

存在雄性的三色猫吗

雄性的三色猫无论在现在还是过去都是凤毛麟角般的存在

一辈子都难遇到一只，是能遇上呢，还是遇不上呢

一般来说，我们将拥有白色、褐色、黑色这三种毛色的猫称为「三色猫」。你知道几乎所有的三色猫都是雌性吗？实际上要成为三色猫，它的基因中必须含有两个X染色体。雄性的染色体为XY，只有一个X染色体，而雌性的染色体为XX，有两个X染色体。因此可以说三色猫是雌性这一点是必然的。但是在极为罕见的情况下，基因发生变异，也会出现雄性的三色猫。这个概率大约为万分之一，所以可以说雄性的三色猫是极为稀有的。

向雄性的三色猫许愿，你的愿望就会实现

在日本，有人相信极为稀有的雄性三色猫会给人带来好运。它们曾在希望航行顺利的海员中非常受欢迎。甚至有一段时间，雄性三色猫在市场上被卖到过非常高的价格。

它还是日本南极探险队的守护神

日本昭和 31 年（1956 年），日本南极探险队就带上了一只雄性的三色猫。它的名字叫“小武”。作为带来幸运的守护神，小武随探险队队员们一起圆满地完成了在冬季穿越南极大陆的艰巨任务。

它们的生育能力较弱……

由于染色体异常才出现的雄性三色猫，其生育能力通常比普通的雄性猫要弱。因为是基因突变而产生的稀有物种，所以往往给人一种身体虚弱且寿命较短的印象。但实际上它们的寿命和普通的猫并没有太大的差别。

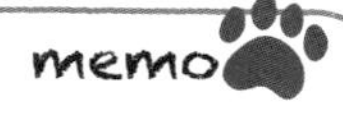

小武在南极登陆之后，
载它过去的那艘船在回航的路上就触礁了。
果然，没了它的庇佑，好运也就到头了吗？

猫的「裂唇嗅反应」

猫其实并没有在笑，但看到这个表情，我们却笑惨了

当闻到某些有特征的气味时便会出现的表情

猫在闻到某些气味后会把嘴半张着，出现一个又像是在笑、又像是在吃惊的表情。这种反应被称为「裂唇嗅反应」。猫的口腔上腭处有一个被称为犁鼻器的器官，主要用于感知气味中带有的性激素等成分。在出现裂唇嗅反应时，猫之所以会张嘴是为了让更多的空气接触犁鼻器，以便更好地感知气味。猫的这种微妙的表情经常被我们当成表情包来用，它往往会给猫主人带来不少欢乐。

猫喜欢臭臭的东西？

裂唇嗅反应是猫在感知激素时表现出的反应。会在哪些东西上感知激素，每只猫是不一样。最常见的物品如主人穿旧的袜子等。看着猫很开心地闻着自己脚上的气味，很多主人都觉得很不可思议。

除了猫之外，其他动物也会出现这种反应

裂唇嗅反应并不是猫特有的。牛、马、山羊等动物也会出现这种反应。其中马的裂唇嗅反应很有特点。它们会露出牙龈，并且好像挑衅对方一般，发出“哼”的一声。去动物园的时候，如果你足够幸运的话，就能在它们身上见到这种反应。

- 这里安全吗？
- 这家伙是敌是友？
- 附近有猫妹子吗？
- 这是什么鬼气味！！

……以及其他各种意义

这就是裂唇嗅反应

不同的状况下它的意义也不同

裂唇嗅反应原本就是为了更详细地读取出对方身上散发出的激素所带有的信息而出现的反应。对猫来说，通过这种方式获取的信息是非常重要的。包括对方是不是自己认识的猫，对方的性别等。这个看似好笑的表情其实有很多意义。

memo

猫的裂唇嗅反应看上去像是在笑，
狮子的裂唇嗅反应看上去却像是在皱眉头。

家有网红猫？享受和猫一起拍照的乐趣

如果猫身上有什么独有特征的话，这本身就是了不起的才能了

一起享受拍照的过程，留下你和猫之间的珍贵回忆

为了把自家猫可爱的样子记录下来，并和大家分享，不少猫主人会给猫拍照或拍视频，并上传到博客等社交网站上。有些猫因此受到了大家的关注和喜爱，成为「网红猫」，有的甚至还出了属于它自己的写真集呢。

比如现在很红的猫「DONKO」，一开始被大家知道是通过它主人在博客上发表的成长日记。现在它的人气已经让它出了专门的写真集和日历了。只不过是动动手，将日常的点滴拍下，分享给大家，说不定就能造就出明日的网红猫呢。

要让猫习惯相机

不喜欢眼神相对的猫，在大镜头的单反相机靠近它时会感到害怕。平时就可以把相机放在猫附近，让猫逐渐习惯它。这样还可以方便你抓拍珍贵的镜头，简直是一石二鸟。

将你心爱的猫分享到网络上吧

现在可以发布照片等信息的各类网站、APP 已经非常普及了。多在微信、微博上发布一些可爱的猫的照片，相信会使得更多人爱上猫的。

同声相应，同气相求

在社交网站上发布相关的信息，自然而然地会使得更多人爱上猫。一方面，主人看到自己心爱的猫人气不断上升，会感到无比骄傲，另一方面，这样做也可以帮助你从其他的猫主人那获取更多的知识。有的时候其他猫主人的经验会令你受益良多。

拿出相机，尽可能多地把和猫在一起的点点滴滴留存下来吧。

亲自动手做出你家猫喜爱的玩具吧

猫很容易喜新厌旧，所以总是不断地需要新玩具。
自己亲自动手做一些简单的玩具，让你家的猫玩得更开心吧。

纸巾盒＋塑料袋

将塑料袋搓成球，放到用完的纸巾盒里。用胶带将开口的地方大致封一下，使里面的塑料袋不会掉出来就行。摇晃时会发出咔滋咔滋的声音，这会让你家的猫玩得很开心。

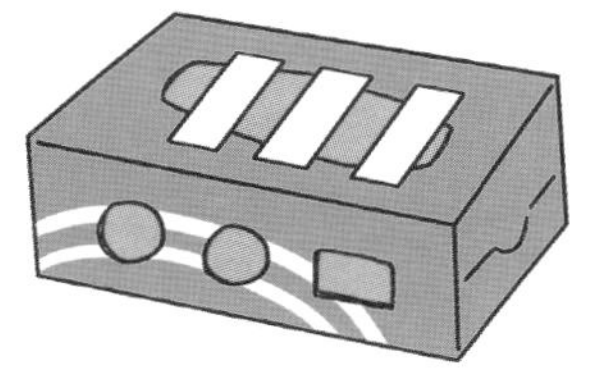

铝箔＋绳子

将铝箔搓成球，再用绳子穿起来就好，做起来超简单。但就这么一个简单的玩具，却受到万千猫的喜爱。

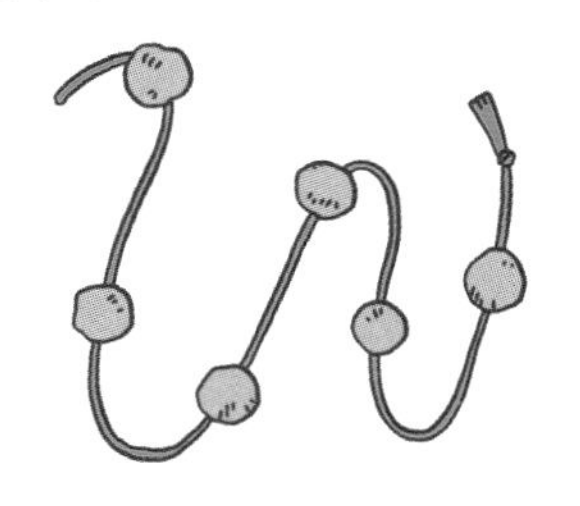

脏衣篮＋铝箔或塑料袋

在用来装脏衣服的材质较软的网状篓子里放入几个搓成球的铝箔或塑料袋。轻摇它，让猫看到里面的球在动。很快你就会看到它的猎人本色了。

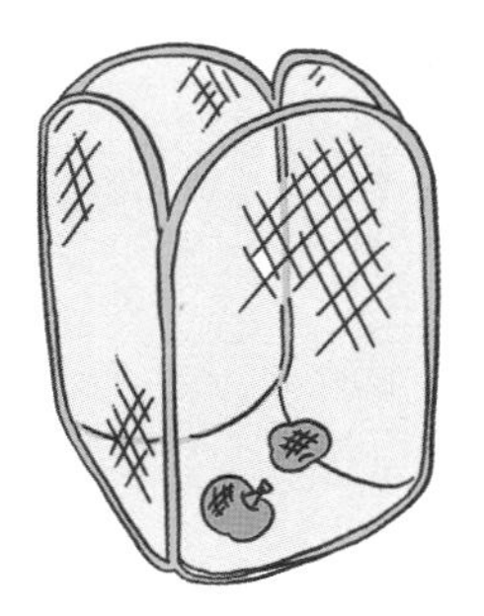

注意点

自己做的猫玩具和从市面上买的玩具比起来，其耐用性差了很多。为了防止猫乱吞东西，玩的时候主人最好在旁边看着。另外，做的时候也要尽量做得结实些。

穿旧的袜子 + 塑料袋

将塑料袋搓成球放到穿旧的袜子里。为了防止塑料袋掉出来，再把袜子口打个结。猫咬的时候，里面的塑料袋会发出咔滋咔滋的声音。这会让你家的猫玩得津津有味。

厕纸芯 + 小铃铛

用完的厕纸芯能滚来滚去，可以让猫玩得很开心。如果再在里面放几个小铃铛，滚动的时候可以发出叮叮当当的响声，这就又变成一个新玩具了。为了防止猫把小铃铛吞进肚子里，厕纸芯的两端要封好。

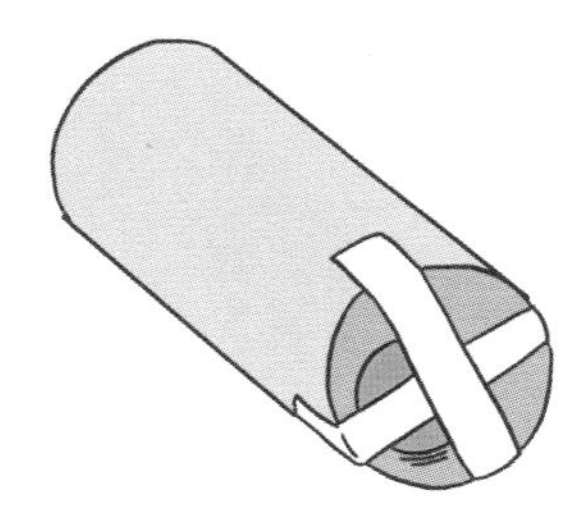

塑料瓶 + 小铃铛

在塑料瓶或是稍大一些的密封罐里放入小铃铛，再把盖子盖上，你家的猫就会不停地追着它跑来跑去。但是密封罐不能选择太小的，不然猫可能会把它吞到肚子里。

毛巾 + 绳子

将毛巾从中间处用绳子打个结系起来。并在猫看得到的地方不断地扯绳子，让毛巾看上去像一只跑动的老鼠。很快，猫的狩猎游戏就要开始了。

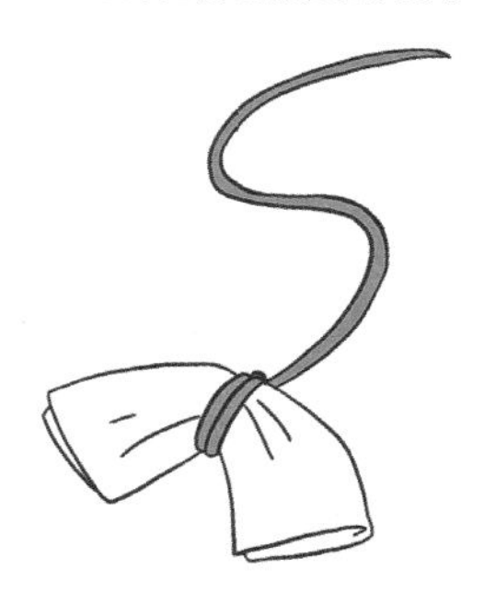

后记

在猫小小的身体里隐藏着非常多的秘密。它们拥有远超过人类的感知能力和运动能力。另外，一直以来，猫和狗等其他宠物比起来，有着不为人所理解的神秘的一面。

虽然猫常常显得很神秘，但猫还是通过某些方式向我们传递着它们的想法。本书将一些隐藏于它们身体中的「力量」和未被它们表现出来的「想法」，清楚明白地呈现在大家面前。在了解了它们的这些秘密之后，是不是再一次被它们的魅力所捕获了呢？

在和猫一同生活的过程中，了解它们的身心是非常重要的。我相信这样可以让你尽早发现猫身上的疾病，给你和你的猫带来一个更加健康、快乐的生活。

如果这本书能够帮助你和你的猫的生活变得更加美好的话，这将是作为作者的我最大的快乐。

最后，感谢陪我一同生活，教会我关于猫的知识的猫咪们（UNYA、PUMA、QUEEN、KIGHT），以及来向我问诊的各位猫咪们，衷心地向你们表示感谢。

东京猫医疗中心　　服部幸

东京猫医疗中心院长

服部幸

兽医师。本科毕业于北里大学兽医专业。于 2005 年起任东京猫专门医院分院长。于 2012 年开设“东京猫医疗中心”，并担任院长。中心于 2014 年获得国际猫医学会的“金牌猫友好型诊所”认证，成为亚洲地区第二家获得该认证的机构。作者长期从事猫医疗相关工作，著有《猫和我的终活手账》《说说猫的心里话》等诸多作品。

STAFF

编辑：坂尾昌昭、小芝俊亮、山本丰和、稻佐知子（G.B）、石川裕二（石川编辑工务店）

协助执笔：森田美喜子、坂本恭子、山野敦子、小泉夏美、金泽英惠

封面设计：岐村悦子（Company of Pool Graphics）

文本设计：岐村悦子（Company of Pool Graphics）

文本 DTP：松田祐加子（Company of Pool Graphics）

封面、文本配图：卵山玉子

著作权合同登记号：豫著许可备字-2016-A-0372
イラストでわかる！ネコ学大図鑑
By 服部 幸
Illustrated by Tamako Tamagoyama

图书在版编目（CIP）数据

你不懂猫咪 /（日）服部幸著；裘科译. —郑州：中原农民出版社，2017.10（2019.3重印）
ISBN 978-7-5542-1764-1

Ⅰ. ①你… Ⅱ. ①服… ②裘… Ⅲ. ①猫—普及读物 Ⅳ. ①S829.3-49

中国版本图书馆CIP数据核字（2017）第195845号

出版：中原出版传媒集团　中原农民出版社
地址：郑州市经五路66号
电话：0371-65788679
印刷：河南新达彩印有限公司

成品尺寸：128mm × 182mm　**印张**：8
字数：220千字
版次：2018年3月第1版　**印次**：2021年5月第2次印刷

书号：ISBN 978-7-5542-1764-1　**定价**：39.80元